*Malus*

"十三五"国家重点图书出版规划项目
"中国果树地方品种图志"丛书

# 中国苹果
## 地方品种图志

曹尚银　房经贵　谢深喜　上官凌飞　等　著

中国林业出版社

"十三五"国家重点图书出版规划项目
"中国果树地方品种图志"丛书

# *Malus*

# 中国苹果
## 地方品种图志

**图书在版编目（CIP）数据**

中国苹果地方品种图志 / 曹尚银等著.—北京：中国林业出
版社，2017.12
（中国果树地方品种图志丛书）

ISBN 978-7-5038-9393-3

Ⅰ.①中… Ⅱ.①曹… Ⅲ.①苹果—品种志—中国—
图集 Ⅳ.①S661.102.92-64

中国版本图书馆CIP数据核字(2017)第302731号

**责任编辑：** 何增明　张　华　孙　瑶
**出版发行：** 中国林业出版社（100009 北京市西城区刘海胡同7号）
**电　　话：** 010-83143517
**印　　刷：** 固安县京平诚乾印刷有限公司
**版　　次：** 2018年1月第1版
**印　　次：** 2018年1月第1次印刷
**开　　本：** 889mm×1194mm　1/16
**印　　张：** 14.5
**字　　数：** 450千字
**定　　价：** 228.00元

# 总序一

Foreword One

　　果树是世界农产品三大支柱产业之一，其种质资源是进行新品种培育和基础理论研究的重要源头。果树的地方品种（农家品种）是在特定地区经过长期栽培和自然选择形成的，对所在地区的气候和生产条件具有较强的适应性，常存在特殊优异的性状基因，是果树种质资源的重要组成部分。

　　我国是世界上最为重要的果树起源中心之一，世界各国广泛栽培的梨、桃、核桃、枣、柿、猕猴桃、杏、板栗等落叶果树树种多源于我国。长期以来，人们习惯选择优异资源栽植于房前屋后，并世代相传，驯化产生了大量适应性强、类型丰富的地方特色品种。虽然我国果树育种专家利用不同地理环境和气候形成的地方品种种质资源，已改良培育了许多果树栽培品种，但迄今为止尚有大量地方品种资源包括部分农家珍稀果树资源未予充分利用。由于种种原因，许多珍贵的果树资源正在消失之中。

　　发达国家不但调查和收集本国原产果树树种的地方品种，还进入其他国家收集资源，如美国系统收集了乌兹别克斯坦的葡萄地方品种和野生资源。近年来，一些欠发达国家也已开始重视地方品种的调查和收集工作。如伊朗收集了872份石榴地方品种，土耳其收集了225份无花果、386份杏、123份扁桃、278份榛子和966份核桃地方品种。因此，调查、收集、保存和利用我国果树地方品种和种质资源对推动我国果树产业的发展有十分重要的战略意义。

　　中国农业科学院郑州果树研究所长期从事果树种质资源调查、收集和保存工作。在国家科技部科技基础性工作专项重点项目"我国优势产区落叶果树农家品种资源调查与收集"支持下，该所联合全国多家科研单位、大专院校的百余名科技人员，利用现代化的调查手段系统调查、收集、整理和保护了我国主要落叶果树地方品种资源（梨、核桃、桃、石榴、枣、山楂、柿、樱桃、杏、葡萄、苹果、猕猴桃、李、板栗），并建立了档案、数据库和信息共享服务体系。这项工作摸清了我国果树地方品种的家底，为全国性的果树地方品种鉴定评价、优良基因挖掘和种质创新利用奠定了坚实的基础。

　　正是基于这些长期系统研究所取得的创新性成果，郑州果树研究所组织撰写了"中国果树地方品种图志"丛书。全书内容丰富、系统性强、信息量大，调查数据翔实可靠。它的出版为我国果树科研工作者提供了一部高水平的专业性工具书，对推动我国果树遗传学研究和新品种选育等科技创新工作有非常重要的价值。

中国农业科学院副院长　　吴孔明

中国工程院院士

2017年11月21日

# 总序二

### Foreword Two

  中国是世界果树的原生中心，不仅是果树资源大国，同时也是果品生产大国，果树资源种类、果品的生产总量、栽培面积均居世界首位。中国对世界果树生产发展和品种改良做出了巨大贡献，但中国原生资源流失严重，未发挥果树资源丰富的优势与发展潜力，大宗果树的主栽品种多为国外品种，难以形成自主创新产品，国际竞争力差。中国已有4000多年的果树栽培历史，是果树起源最早、种类最多的国家之一，拥有占世界总量3/5的果树种质资源，世界上许多著名的栽培种，如白梨、花红、海棠果、桃、李、杏、梅、中国樱桃、山楂、板栗、枣、柿子、银杏、香榧、猕猴桃、荔枝、龙眼、枇杷、杨梅等树种原产于中国。原产中国的果树，经过长期的栽培选择，已形成了生态类型众多的地方品种，对当地自然或栽培环境具有较好的适应性。一般多为较混杂的群体，如发芽期、芽叶色泽和叶形均有多种变异，是系统育种的原始材料，不乏优良基因型，其中不少在生产中发挥着重要作用，主导当地的果树产业，为当地经济和农民收入做出了巨大贡献。

  我国有些果树长期以来在生产上还应用的品种基本都是各地的地方品种（农家品种），虽然开始通过杂交育种选育果树新品种，但由于起步晚，加上果树童期和育种周期特别长，造成目前我国生产上应用的果树栽培品种不少仍是从农家品种改良而来，通过人工杂交获得的品种仅占一部分。而且，无论国内还是国外，现有杂交品种都是由少数几个祖先亲本繁衍下来的，遗传背景狭窄，继续在这个基因型稀少的池子中捞取到可资改良现有品种的优良基因资源，其可能性越来越小，这样的育种瓶颈也直接导致现有品种改良潜力低下。随着现代育种工作的深入，以及市场对果品表现出更为多样化的需求和对果实品质提出更高的要求，育种工作者越来越感觉到可利用的基因资源越来越少，品种创新需要挖掘更多更新的基因资源。野生资源由于果实经济性状普遍较差，很难在短期内对改良现有品种有大的作为；而农家品种则因其相对优异的果实性状和较好的适应性与抗逆性，成为可在短期内改良现有品种的宝贵资源。为此，我们还急需进一步加大力度重视果树农家品种的调查、收集、评价、分子鉴定、利用和种质创新。

  "中国果树地方品种图志"丛书中的种质资源的收集与整理，是由中国农业科学院郑州果树研究所牵头，全国22个研究所和大学、100多个科技人员同时参与，首次对我国果树地方品种进行较全面、系统调查研究和总结，工作量大，内容翔实。该丛书的很多调查图片和品种性状资料来之不易，许多优异、濒危的果树地方品种资源多处于偏远的山区村庄，交通不便，需跋山涉水、历经艰难险阻才得以调查收集，多为首次发表，十分珍贵。全书图文并茂，科学性和可读性强。我相信，此书的出版必将对我国果树地方品种的研究和开发利用发挥重要作用。

中国工程院院士　束怀瑞

2017年10月25日

# 总 前 言

　　果树地方品种（农家品种）具有相对优异的果实性状和较好的适应性与抗逆性，是可在短期内改良现有品种的宝贵资源。"中国果树地方品种图志"丛书是在国家科技部科技基础性工作专项重点项目"我国优势产区落叶果树农家品种资源调查与收集"（项目编号：2012FY110100）的基础上凝练而成。该项目针对我国多年来对果树地方品种重视不够，致使果树地方品种的家底不清，甚至有的濒临灭绝，有的已经灭绝的严峻状况，由中国农业科学院郑州果树研究所牵头，联合全国多家具有丰富的果树种质资源收集保存和研究利用经验的科研单位和大专院校，对我国主要落叶果树地方品种（梨、核桃、桃、石榴、枣、山楂、柿、樱桃、杏、葡萄、苹果、猕猴桃、李、板栗）资源进行调查、收集、整理和保护，摸清主要落叶果树地方品种家底，建立档案、数据库和地方品种资源实物和信息共享服务体系，为地方品种资源保护、优良基因挖掘和利用奠定基础，为果树科研、生产和创新发展提供服务。

## 一、我国果树地方品种资源调查收集的重要性

　　我国地域辽阔，果树栽培历史悠久，是世界上最大的栽培果树植物起源中心之一，素有"园林之母"的美誉，原产果树种质资源十分丰富，世界各国广泛栽培的如梨、桃、核桃、枣、柿、猕猴桃、杏、板栗等落叶果树树种都起源于我国。此外，我国从世界各地引种果树的工作也早已开始。如葡萄和石榴的栽培种引入中国已有2000年以上历史。原产我国的果树资源在长期的人工选择和自然选择下形成了种类纷繁的、与特定地区生态环境条件相适应的生态类型和地方品种；而引入我国的果树材料通过长期的栽培选择和自然驯化选择，同样形成了许多适应我国自然条件的生态类型或地方品种。

　　我国果树地方品种资源种类繁多，不乏优良基因型，其中不少在生产中还在发挥着重要作用。比如'京白梨''莱阳梨''金川雪梨'；'无锡水蜜''肥城桃''深州蜜桃''上海水蜜'；'木纳格葡萄'；'沾化冬枣''临猗梨枣''泗洪大枣''灵宝大枣'；'仰韶杏''邹平水杏''德州大果杏''兰州大接杏''郯城杏梅'；'天目蜜李''绥棱红'；'崂山大樱桃''滕县大红樱桃''太和大紫樱桃''南京东塘樱桃'；山东的'镜面柿''四烘柿'，陕西的'牛心柿''磨盘柿'，河南的'八月黄柿'，广西的'恭城水柿'；河南的'河阴石榴'等许多地方品种在当地一直是主栽优势品种，其中的许多品种生产已经成为当地的主导农业产业，为发展当地经济和提高农民收入做出了巨大贡献。

　　还有一些地方果树品种向外迅速扩展，有的甚至逐步演变成全国性的品种，在原产地之外表现良好。比如河南的'新郑灰枣'、山西的'骏枣'和河北的'赞皇大枣'引入新疆后，结果性能、果实口感、品质、产量等表现均优于其在原产地的表现。尤其是出产于新疆的'灰枣'和'骏枣'，以其绝佳的口感和品质，在短短5～6年的时间内就风靡全国市场，其在新疆的种植面积也迅速发展逾3.11万hm²，成为当地名副其实的"摇钱树"。分布范围更广的当属'砀山酥梨'，以

其出色的鲜食品质、广泛的栽培适应性，从安徽砀山的地方性品种几十年时间迅速发展成为在全国梨生产量和面积中达到1/3的全国性品种。

果树地方品种演变至今有着悠久的历史，在漫长的演进过程中经历过各种恶劣的生态环境和毁灭性病虫害的选择压力，能生存下来并获得发展，决定了它们至少在其自然分布区具有良好的适应性和较为全面的抗性。绝大多数地方品种在当地栽培面积很小，其中大部分仅是散落农家院中和门前屋后，甚至不为人知，但这里面同样不乏可资推广的优良基因型；那些综合性状不够好、不具备直接推广和应用价值的地方品种，往往也潜藏着这样或那样的优异基因可供发掘利用。

自20世纪中叶开始，国内外果树生产开始推行良种化、规模化种植，大规模品种改良初期果树产业的产量和质量确实有了很大程度的提高；但时间一长，单一主栽品种下生物遗传多样性丧失，长期劣变积累的负面影响便显现出来。大面积推广的栽培品种因当地的气候条件发生变化或者出现新的病害受到毁灭性打击的情况在世界范围内并不鲜见，往往都是野生资源或地方品种扮演救火英雄的角色。

20世纪美国进行的美洲栗抗栗疫病育种的例子就是证明。栗疫病由东方传入欧美，1904年首次见于纽约动物园，结果几乎毁掉美国、加拿大全部的美洲栗，在其他一些国家也造成毁灭性的影响。对栗疫病敏感的还有欧洲栗、星毛栎和活栎。美国康涅狄格州农业试验站从1907年开始研究栗疫病，这个农业试验站用对栗疫病具有抗性的中国板栗和日本栗作为亲本与美洲栗杂交，从杂交后代中选出优良单株，然后再与中国板栗和日本栗回交。并将改良栗树移植进野生栗树林，使其与具有基因多样性的栗树自然种群融合，产生更高的抗病性，最终使美洲栗产业死而复生。

我国核桃育种的例子也很能说明问题。新疆核桃大多是实生地方品种，以其丰产性强、结果早、果个大、壳薄、味香、品质优良的特点享誉国内外，引入内地后，黑斑病、炭疽病、枝枯病等病害发生严重，而当地的华北核桃种群则很少染病，因此人们认识到华北核桃种群是我国核桃抗性育种的宝贵基因资源。通过杂交，华北核桃与新疆核桃的后代在发病程度上有所减轻，部分植株表现出了较强的抗性。此外，我国从铁核桃和普通核桃的种间杂种中选育出的核桃新品种，综合了铁核桃和普通核桃的优点，既耐寒冷霜冻，又弥补了普通核桃在南方高温多湿环境下易衰老、多病虫害的缺陷。

'火把梨'是云南的地方品种，广泛分布于云南各地，呈零散栽培状态，果皮色泽鲜红艳丽，外观漂亮，成熟时云南多地农贸市场均有挑担零售，亦有加工成果脯。中国农业科学院郑州果树研究所1989年开始选用日本栽培良种'幸水梨'与'火把梨'杂交，育成了品质优良的'满天红''美人酥'和'红酥脆'三个红色梨新品种，在全国推广发展很快，取得了巨大的社会、经济效益，掀起了国内红色梨产业发展新潮，获得了国际林产品金奖、全国农牧渔业丰收奖二等奖和中国农业科学院科技成果一等奖。

富士系苹果引入中国，很快在各苹果主产区形成了面积和产量优势。但在辽宁仅限于年平均气温10℃，1月平均气温-10℃线以南地区栽培。辽宁中北部地区扩展到中国北方几省区尽管日照充足、昼夜温差大、光热资源丰富，但1月平均气温低，富士苹果易出现生理性冻害造成抽条，无法栽培。沈阳农业大学利用抗寒性强、大果、肉质酸酥、耐贮运的地方品种'东光'与'富士'进行杂交，杂交实生苗自然露地越冬，以经受冻害淘汰，顺利选育出了适合寒地栽培的苹果品种'寒富'。'寒富'苹果1999年被国家科技部列入全国农业重点开发推广项目，到目前为止已经在内蒙古南部、吉林珲春、黑龙江宁安、河北张家口、甘肃张掖、新疆玛纳斯和西藏林芝等地广泛栽培。

地方品种虽然重要，但目前许多果树地方品种的处境却并不让人乐观！我们在上马优良新品种和外引品种的同时，没有处理好当地地方品种的种质保存问题，许多地方品种因为不适应商业化的要求生存空间被挤占。如20世纪80年代巨峰系葡萄品种和21世纪初'红地球'葡萄的大面积推广，造成我国葡萄地方品种的数量和栽培面积都在迅速下降，甚至部分地方品种在生产上的消失。20世纪80年代我国新疆地区大约分布有80个地方品种或品系，而到了21世纪只有不到30个地方品种还能在生产上见到，有超过一半的地方品种在生产上消失，同样在山西省清徐县曾广泛分布的古老品种'瓶儿'，现在也只能在个别品种园中见到。

加上目前中国正处于经济快速发展时期，城镇化进程加快，因为城镇发展占地、修路、环境恶化等原因，许多果树地方品种正在飞速流失，亟待保护。以山西省的情况为例：山西有山楂地方品种'泽州红''绛县粉口''大果山楂''安泽红果'等10余个，近年来逐年减少；有板栗地方品种10余个，已经灭绝或濒临灭绝；有柿子地方品种近70个，目前60%已灭绝；有桃地方品种30余个，目前90%已经灭绝；有杏地方品种70余个，目前60%已灭绝，其余濒临灭绝；有核桃地方品种60余个，目前有的已灭绝，有的濒临灭绝，有的品种名称混乱；有2个石榴地方品种，其中1个濒临灭绝！

又如，甘肃省果树资源流失非常严重。据2008年初步调查，发现5个树种的103个地方果树珍稀品种资源濒临流失，研究人员采集有限枝条，以高接方式进行了抢救性保护；7个树种的70个地方果树品种已经灭绝，其中梨48个、桃6个、李4个、核桃3个、杏3个、苹果4个、苹果砧木2个，占原《甘肃果树志》记录品种数的4.0%。对照《甘肃果树志》（1995年），未发现或已流失的70个品种资源主要分布在以下区域：河西走廊灌溉果树区未发现或已灭绝的种质资源6个（梨品种2个、苹果品种4个）；陇西南冷凉阴湿果树区未发现或灭绝资源10个（梨资源7个、核桃资源3个）；陇南山地果树区未发现或流失资源20个（梨资源14个、桃资源4个、李资源2个）；陇东黄土高原果树区未发现或流失资源25个（梨品种16个、苹果砧木2个、杏品种3个、桃品种2个、李品种2个）；陇中黄土高原丘陵果树区未发现或已流失的资源9个，均为梨资源。

随着果树栽培良种化、商品化发展，虽然对提高果品生产效益发挥了重要作用，但地方品种流失也日趋严重，主要表现在以下几个方面：

**1. 城镇化进程的加快，随着传统特色产业地位的丧失，地方品种逐渐减少**

近年来，随着城镇化进程的加快，以前的郊区已经变成了城市，以前的果园已经难寻踪迹，使很多地方果树品种随着现代城市的建设而丢失，或正面临丢失。例如，甘肃省兰州市安宁区曾经是我国桃的优势产区，但随着城镇化的建设和发展，桃树栽培面积不到20世纪80年代的1/5，在桃园大面积减少的同时，地方品种也大幅度流失。兰州'软儿梨'也是一个古老的品种，但由于城镇化进程的加快，许多百年以上的大树被砍伐，也面临品种流失的威胁。

**2. 果树良种化、商品化发展，加快了地方品种的流失**

随着果树栽培良种化、商品化发展，提高了果品生产的经济效益和果农发展果树的积极性，但对地方品种的保护和延续造成了极大的伤害，导致了一些地方品种逐渐流失。一方面是新建果园的统一规划设计，把一部分自然分布的地方品种淘汰了；另一方面，由于新品种具有相对较好的外观品质，以前农户房前屋后栽植的地方品种，逐渐被新品种替代，使很多地方品种面临灭绝流失的威胁。

**3. 国家对果树地方品种的保护宣传力度和配套措施不够**

依靠广大农民群众是保护地方品种种质资源的基础。由于国家对地方品种种质资源的重要性和保护意义宣传力度不够，农民对地方品种保护的认知不到位，导致很多地方品种在生产和生活中不经意地流失了。同时，地方相关行政和业务部门，对地方品种的保护、监管、标示力度不够，没有体现出地方品种资源的法律地位，导致很多地方品种濒临灭绝和正在灭绝。

发达国家对各类生物遗传资源（包括果树）的收集、研究和利用工作极为重视。发达国家在对本国生物遗传资源大力保护的同时，还不断从发展中国家大肆收集、掠夺生物遗传资源。美国和前苏联都曾进行过系统地国外考察，广泛收集外国的植物种质资源。我国是世界上生物遗传资源最丰

# 前言

Preface

苹果（*Malus pumila* Mill.）属蔷薇科（Rosaceae）苹果亚科（Maloideae）苹果属（*Malus* Mill.）植物。世界苹果属植物资源约35个种，广泛分布于亚洲、欧洲和北美洲；而原产于中国的有23种之多，其中野生近缘种17种，栽培或半栽培种6种。

中国苹果起源于新疆野苹果（塞威士苹果），西洋苹果起源于中亚塞威士苹果。中国苹果与西洋苹果虽有共祖关系，但两种自古以来就是在完全隔绝的生态地理条件下生长繁衍，原始的种质基因虽相同，但其形态上的特征特性有着明显的差异，两者皆属驯化而来的栽培种。西洋苹果掺有其他种的基因，比中国苹果较为进化。现代的西洋苹果国内通称为苹果，其品种在全世界约有3000余种。自从1871年栽培苹果引入中国后，百余年来逐步取代了中国苹果（绵苹果）和沙果等栽培品种。但中国苹果及其近缘种的栽培历史至少可以追溯到西汉时期，已有2000多年的历史。

苹果能够适应大多数的气候，南北纬35°～50°之间是苹果生长的最佳选择。中国辽宁、河北、山西、山东、陕西、甘肃、四川、云南、西藏常见栽培。适生于山坡梯田、平原矿野以及黄土丘陵海拔50～2500m等处。

苹果树是喜低温干燥的温带果树，要求冬无严寒，夏无酷暑。适宜的温度范围是年平均气温9～14℃，冬季极端低温不低于-12℃，夏季最高月均温不高于20℃，≥10℃年积温5000℃左右，生长季节（4～10月）平均气温12～18℃，冬季需7.2℃以下低温1200～1500小时，才能顺利通过自然休眠。一般认为年平均温度在7.5～14℃的地区，都可以栽培苹果。从世界栽培苹果最多地区来看，冬季最冷月（北半球1月，南半球7月）平均气温在-10～10℃之间，才能满足苹果对低温的要求。中国各苹果主要产区的1月平均气温都在此限度内。生长期（4～10月）平均气温在12～18℃，夏季（6～8月）平均气温在18～24℃，最适合苹果的生长。秋季温度，白天高夜间低时，果实含糖分高，着色好，果皮厚，果粉多，耐储藏。苹果在生长期每667m²所需降水量约为180mm。一般自然降水量，果树实际能利用吸收的约为1/3，这样生长期降水量在540mm，已足够用。在4～9月降水量在450mm以下的地区则需要灌水，中国北方降水量分布不均，70%～80%集中在7～8月，春季则水量不足。在内陆降水量少的地区，水量不足，因此在建园选地时，必须考虑到灌溉条件和保墒措施，同时也要注意雨季排水措施。苹果是喜光树种，光照充足，始能生长正常。据山东农业大学测定，泰安地区'金冠''新红星'，光照补偿点为600～800lx，饱和点在3500～4500lx。在此范围内光照强度增加，光合作用也加强。苹果需要的条件为土壤深厚，排水良好，含丰富有机质，微酸性到微碱性。

　　地方品种又称农家品种，是在特定地区经过长期栽培和自然选择而形成的品种，对所在地区的气候和生产条件一般具有较强的适应性，并包含有丰富的基因型，具有丰富的遗传多样性，常存在特殊优异的性状基因，是果树品种改良的重要基础和优良基因来源。由于社会历史的原因，我国果树生产大都以农户生产方式存在，果园面积小，经济效益低。这种农户型的生产方式有着种种弊端，但同时也为自然突变所产生的优良品种提供了可以生存的空间。农户对于自家所生产的品种比较熟悉，通过自然实生、芽变或自然变异所产生的优良性状的果树品种能够被保留下来，在不经意间被选育出来，成为地方品种。但由于这种方式所产生的品种没有经过任何形式的鉴定评价，每种品种的数量稀少，很容易随着时间的流逝而灭绝。

　　《中国苹果地方品种图志》是首次对中国苹果地方品种进行的比较全面、系统调查研究的阶段性总结，为研究苹果的起源、演化、分类及苹果资源的开发利用提供较完整的资料，将对促进我国苹果产业发展和科学研究产生重要的作用。作为苹果地方品种图志的，其内容重点放在苹果种质资源的地理分布，特异生产特性和品种资源的描述。本书重点增加提供人及其联系方式、地理信息等，我们通过笔记本电脑和数码相机进行考察，把品种图像较为准确和形象地记录下来；并通过携带GPS定位导航设备和GIS软件系统可以对每个地方品种的生境和其代表株进行精确定位和信息采集，以达到品种的可追踪性。本书图像大部分均在种质原产地采集，包括大生境、小生境、单株、花、果实、叶片、枝条等信息，力求还原种质的本来面貌。

　　开展工作时采用了分片区调查的方式，共分为五个片区，按照东部片区、西部片区、南部片区、北部片区、中部片区等五个片区分别介绍其资源分布情况，对于每份资源从基本信息（包括提供人、调查人、位置信息、地理数据、样本类型等）、生境信息、植物学信息、果实经济性状，生物学信息和品种评价等方面入手，切实展示该品种资源的特征特性，以便于育种工作者辨识并加以有效利用。调查编号根据片区负责人姓全拼+名缩写+采集者姓名的首字母+位数字编号的形式，便于辨识和后期品种追踪调查，每个品种都有一个品种俗称，若有相同的名字，调查地点的名字加以区分，相同地点的加数字予以区分，多个品种可以按照数字依次编写。本书所配照片在总论中都一一标出拍摄人或提供人姓名，各论里照片都是各片区调查人拍照提供，由于人数较多，就不一一列出。

　　希望本书的出版能为苹果地方品种的利用及地理分布研究提供较为全面、完整的资料，促进苹果地方品种科研与生产的发展。

　　中国工程院院士、山东农业大学束怀瑞教授对本书撰写工作给予热情关怀和悉心指导；中国农业科学院郑州果树研究所、中国林业出版社等单位给予多方促进和大力支持；国家科技基础性工作专项重点项目"我国优势产区落叶果树农家品种资源调查与收集"、国家出版基金给予了支持。在此一并表示深深的感谢。

　　由于著者水平和掌握资料有限，本书有遗漏和不足之处敬请读者及专家给予指正，以便日后补充修订。

著者

2017年11月

# 目录

Contents

总序一

总序二

总前言

前言

**总论** ⋯⋯⋯⋯⋯⋯⋯⋯⋯⋯⋯⋯⋯⋯⋯ 001

第一节 地方品种调查与收集的重要性 ⋯002

第二节 苹果地方品种调查与收集的思路
和方法 ⋯⋯⋯⋯⋯⋯⋯⋯⋯ 006

一、项目分工与管理 ⋯⋯⋯⋯⋯⋯ 006

二、调查我国苹果优势产区地方品种的地域分
布、产业和生存现状 ⋯⋯⋯⋯⋯ 008

三、初步调查和评价我国苹果优势产区地方品种
资源的原生境、植物学、生态适应性和重要
农艺性状 ⋯⋯⋯⋯⋯⋯⋯⋯⋯ 008

四、采集和制作苹果地方品种的图片、图表、标
本资料 ⋯⋯⋯⋯⋯⋯⋯⋯⋯⋯ 009

五、苹果地方品种资源圃的建立与遗传型和环境
表型的鉴别 ⋯⋯⋯⋯⋯⋯⋯⋯ 010

六、苹果基本性状的文字、图像数据库建立，GIS
信息管理系统的建立 ⋯⋯⋯⋯⋯ 011

七、苹果地方品种收集的必要性和紧迫性 ⋯011

第三节 我国苹果地方品种的起源与区域分布
⋯⋯⋯⋯⋯⋯⋯⋯⋯⋯⋯⋯⋯ 012

一、苹果的起源和演化 ⋯⋯⋯⋯⋯ 012

二、苹果资源现状 ⋯⋯⋯⋯⋯⋯⋯ 013

第四节 评估地方品种的鉴定分析 ⋯⋯⋯ 029

一、苹果属种质资源亲缘关系和遗传多样性的研
究进展 ⋯⋯⋯⋯⋯⋯⋯⋯⋯⋯ 029

**各论** ⋯⋯⋯⋯⋯⋯⋯⋯⋯⋯⋯⋯⋯⋯⋯ 035

五口一窝蜂 ⋯⋯⋯⋯⋯⋯⋯⋯⋯⋯ 036

五口小海棠 ⋯⋯⋯⋯⋯⋯⋯⋯⋯⋯ 038

五口秋风蜜 ⋯⋯⋯⋯⋯⋯⋯⋯⋯⋯ 040

五口玄包 ⋯⋯⋯⋯⋯⋯⋯⋯⋯⋯⋯ 042

侯家官茶果 ⋯⋯⋯⋯⋯⋯⋯⋯⋯⋯ 044

侯家官金秋海棠 ⋯⋯⋯⋯⋯⋯⋯⋯ 046

侯家官沂蒙海棠 ⋯⋯⋯⋯⋯⋯⋯⋯ 048

南营茶果2号 ⋯⋯⋯⋯⋯⋯⋯⋯⋯ 050

五口歪把子 ⋯⋯⋯⋯⋯⋯⋯⋯⋯⋯ 052

鲁村沙果 ⋯⋯⋯⋯⋯⋯⋯⋯⋯⋯⋯ 054

五口高桩海棠 ⋯⋯⋯⋯⋯⋯⋯⋯⋯ 056

五口大沙果 ⋯⋯⋯⋯⋯⋯⋯⋯⋯⋯ 058

五口难咽 ⋯⋯⋯⋯⋯⋯⋯⋯⋯⋯⋯ 060

五口腰杆子 ⋯⋯⋯⋯⋯⋯⋯⋯⋯⋯ 062

热光红苹果 ⋯⋯⋯⋯⋯⋯⋯⋯⋯⋯ 064

寨子青苹果 ⋯⋯⋯⋯⋯⋯⋯⋯⋯⋯ 066

茨巫东苹果 ⋯⋯⋯⋯⋯⋯⋯⋯⋯⋯ 068

得荣青苹果 ⋯⋯⋯⋯⋯⋯⋯⋯⋯⋯ 070

斯塔干阿里马 ⋯⋯⋯⋯⋯⋯⋯⋯⋯ 072

阿哥阿拉马（白苹果） ⋯⋯⋯⋯⋯ 074

冬里蒙 ⋯⋯⋯⋯⋯⋯⋯⋯⋯⋯⋯⋯ 076

红阿波尔特 ⋯⋯⋯⋯⋯⋯⋯⋯⋯⋯ 078

茶依阿拉马（大果） ·············080
麻扎乡红肉苹果 ·············082
假塔干苹果 ·············084
金塔干 ·············086
卡巴克阿勒玛 ·············088
卡吐西卡苹果 ·············090
沙里木阿里马（短柄） ·············092
沙里木阿里马（长柄） ·············094
斯托罗维 ·············096
甜阿波尔特 ·············098
玉赛因 ·············100
玉赛因芽变 ·············102
吴薛秋 ·············104
金家岗扁黄 ·············106
金家岗脆果 ·············108
富锦17号 ·············110
富锦冻果 ·············112
黑石大果 ·············114
鸡西1号 ·············116
鸡西2号 ·············118
鸡西3号 ·············120
鸡西不落果 ·············122
鸡西小果 ·············124
鸡西小苹果 ·············126
吉林海棠 ·············128
九台串枝红 ·············130
青皮大秋 ·············132
沙果 ·············134
金家岗甜丰 ·············136
富华小花果 ·············138
金家岗雪地红 ·············140

一串铃 ·············142
金家岗紫果海棠 ·············144
慈母川八棱海棠 ·············146
西拔子槟子 ·············148
脆八棱海棠 ·············150
海子口1号 ·············152
海子口2号 ·············154
海子口3号 ·············156
联峰林场1号 ·············158
联峰林场2号 ·············160
联峰林场3号 ·············162
联峰林场4号 ·············164
联峰林场5号 ·············166
山荆子1号 ·············168
山荆子5号 ·············170
慈母川小苹果 ·············172
日坝村苹果1号 ·············174
娘龙西府海棠 ·············176
娘龙红冠 ·············178
娘龙红元帅 ·············180
娘龙黄元帅 ·············182
娘龙秦冠 ·············184
娘龙古秀琼琼 ·············186
林芝凤凰卵 ·············188
林芝富丽 ·············190
林芝青香蕉 ·············192
林芝印度 ·············194
林芝旭 ·············196
南伊沟野苹果 ·············198
米林山荆子 ·············200
朗色苹果 ·············202

参考文献 ·············204
附录一 各树种重点调查区域 ·············207
附录二 各省（自治区、直辖市）主要调查树种 ·············209
附录三 工作路线 ·············210
附录四 工作流程 ·············210
苹果品种中文名索引 ·············211
苹果品种调查编号索引 ·············212

中国苹果地方品种图志

# 总论

# 第二节
# 苹果地方品种调查与收集的思路和方法

*Malus*

## 一 项目分工与管理

### 1. 项目分工

根据我国苹果地方品种资源的分布区域性，中国农业科学院郑州果树研究所、南京农业大学、中国农业大学和沈阳农业大学等单位联合调查我国各片区的苹果地方品种资源。

### 2. 项目管理

(1)**成立项目管理办公室，实现课题负责制** 项目首席专家对课题目标、内容和任务负总责，制定课题设计方案、实施计划、任务目标，对总任务进行分解和落实到每一个参加人员，确保任务按时、保质保量完成。

(2)**专款专用，为科研专项实施提供充足的资金保障** 课题承担单位设立专用财务科目，专门用于科研专项的财务管理，对拨付的项目经费专款专用；制定了项目资金使用的财务分级审批制度；项目实施过程中，严格按照国家有关规定进行财务管理。

(3)**项目检查、评估** 在科研专项实施过程中，实施项目年度检查、评估制度，每年进行工作汇报、检查，发现问题及时解决，保障项目的顺利进行；及时准确将项目实施情况汇总上报科技部等部门。

(4)**知识产权与成果管理及权益分配** 项目实施完成后所取得的一切知识产权及以任何形式所形成的权益原则上属于国家所有，由课题参与各方共享，并对全社会同行开放。收集的地方品种资源进入相应的国家种质资源圃保存。课题实施过程中所购置的仪器设备等归课题承担单位所有。

根据果树种质资源野外调查的一般方法和手段，我们制定了一套符合苹果地方品种调查和收集的技术路线，以期在最短时间内最大程度的收集所有有效的信息。由于以前科技水平和人力、财务、交通等条件的限制，资源考察工作的效果势必受到影响。当时没有电脑，相机技术相对今天也很落后，野外资源考察工作没有能够留下很多的图像资料，即使有图像资料的，其色彩、清晰度等各方面也存在许多失真的地方。而且，当时没有GPS导航设备，一些有关资源地域分布的描述并不确切；后期如果当地的地理环境发生变化，往往也不能对该地区的资源进行回访调查。针对以前调查技术水平和工具的不足，我们都一一做

图3 新疆野苹果原生境（曹秋芬 供图）

图4 新疆野苹果原生境（曹秋芬 供图）

图5 苹果农艺性状观察（曹秋芬 供图）

了弥补。苹果地方品种资源分布广泛，需要了解和掌握的信息较多，因此我们制定了如下工作流程。

## 二 调查我国苹果优势产区地方品种的地域分布、产业和生存现状

通过收集网络信息、查阅文献资料等途径，从文字信息上掌握我国主要落叶果树优势产区的地域分布，确定今后科学调查的区域和范围，做好前期的案头准备工作。实地走访主要落叶果树种植地区，科学调查主要落叶果树的优势产区区域分布、历史演变、栽培面积、地方品种的种类和数量、产业利用状况和生存现状等情况，最终形成一套系统的相关科学调查分析报告。

## 三 初步调查和评价我国苹果优势产区地方品种资源的原生境、植物学、生态适应性和重要农艺性状

对我国苹果优势产区地方品种资源分布区域进

行原生境实地调查（图3）和GPS定位等，评价原生境生存现状，调查相关植物学性状、生态适应性、栽培性能和果实品质等主要农艺性状（文字、特征数据和图片）（图4~图6），对苹果优良地方品种资源进行初步评价、收集和保存（图7、图8）。这些工作意义重大而有效率，最后可以形成高质量的石榴地方品种图谱、全国分布图和GIS资源分布及保护信息管理系统。

图6 苹果农艺性状观察（曹秋芬 供图）

图7 苹果种质资源嫁接保存（卜海东 供图）

图8 苹果种质资源嫁接保存（卜海东 供图）

## 四　采集和制作苹果地方品种的图片、图表、标本资料

### 1. 苹果地方品种实地调查

由于以前的交通设施的限制，苹果等资源调查工作受到限制。由于当时公路、铁路等交通工具均比较落后，许多交通不便的偏僻地方考察组无法到达，无法详细考察。而现在，公路、铁路和航空交通都较当时有了巨大的发展，给考察工作创造了很好的条件，使考察组可以深入过去不能够到达的地方，从而可能发现、收集并保存更多的地方品种资源。为了解苹果的起源和演化提供依据。

项目组每次调查时对芽、叶片、枝条、花、果实等性状的不同物候期进行调查，记载其生境信息、植物学信息、果实信息，并对其品质进行评价（图9～图12），按苹果种质资源调查表格进行记载，并制作浸渍或腊叶标本。根据需要对果实进行

果品成分的分析。

（1）基本信息　每个苹果地方品种拥有唯一独立采集编号，编号命名规则为唯一的采集编号、流水号、唯一数据表，采集编号规则为：子专题负责人姓全拼+名拼音首字母+采集者姓名拼音首字母+流水号数字（表3），并写明提供人和调查人的姓名、电话、住址和单位；另外提供详细调查地点地址和地理数据，地理数据包括GPS数据，GPS读数格式：度-分-秒（表4）。

（2）生境信息　苹果地方品种的生境信息包括植株的来源及生长的地带、植被类型及小生境的情况，地方品种植株的伴生物种也即生长环境的建群种、优势种及标志种，影响地方品种植株生长的影响因子，植株生长地形及周围土地的利用情况，生长地的土壤质地，植株的种植情况等信息。

（3）植物学信息　苹果地方品种植物学信息包括地方品种的植株情况、植物学特征、果实性状、生物学习性四方面内容。植株情况包括植株类型，树

图9 收集地方品种萌芽状（李好先 供图）

图10 收集地方品种开花状（李好先 供图）

图11 收集地方品种结果状（李好先 供图）

图12 收集地方品种的果实（李好先 供图）

表3 苹果地方品种采集编号（示例）

| 基本信息 | | | |
|---|---|---|---|
| 数据项目 | 数据录入日期 | 采集编号 | 采集者 |
| 数据说明 | 填写日期，按照"年–月–日"方式填写 | 填写子课题负责人姓全拼＋名缩写＋采集者姓名的首字母＋3位数字编号 | 填写采集者，如果有多个采集者，请用分号区分 |
| 数据格式 | 日期 | 文本 | 文本 |
| 范例 | 2013/9/8 | CAOQFNJX059 | 牛建新 |

表4 苹果地方品种品种调查基本信息表（示例）

| 调查编号 | CAOQFNJX058 | |
|---|---|---|
| 所属树种 | 苹果 *Malus pumila* Mill. | |
| 提供人信息 | 姓名 | 木合塔尔 |
| | 电话 | 13289953886 |
| | 住址 | 新疆农业科学院吐鲁番农业科学研究所 |
| 调查人信息 | 调查人 | 牛建新 |
| | 电话 | 13999533176 |
| | 单位 | 石河子大学 |
| 调查地点 | 新疆维吾尔自治区伊犁哈萨克自治州特克斯县二乡 | |
| 地理数据 | GPS数据（海拔：1317m；经度：E81°43'15"，纬度：N43°10'03"） | |
| 样本类型 | 叶片、花、枝条 | |

龄，繁殖方法，树势，树形，树高，干高和干周，植株姿态；植物学特征包括枝条着生茸毛、枝条长度、枝条颜色等详细信息，叶片颜色、叶片茸毛着生情况、叶片大小和形状等信息，花序和花朵的特征信息；果实性状包括果实大小和形状、果实颜色、果肉特征、果粉情况、果实品质等信息；生物学习性包括植株生长势，早果性和丰产性，物候期等；品种评价包括该品种的主要优点，用途，可利用部位，适应性及抗逆性等。

**(4) 标本采集** 苹果地方品种标本采集要求采集完整，每个地方品种采集3份，实地采集记录翔实准确，标本要准确鉴别、制作完整。完整的标本要求：采集完整，植株的茎、叶片、花、果实、地下部分、树皮，处于生长阶段的组织（叶芽、花芽、幼叶、幼枝），异型花和叶片都要制成标本收集，花或果实的精细结构要另外保存。标本鉴定依据已经出版的《Flora of China》和《中国植物志》。

**(5) 图像采集** 利用先进的笔记本电脑和高性能的数码相机进行考察，把苹果叶片、枝条、花、果实等性状把品种图像较为准确和形象地记下来录。照片要求3～5张，图像按照片内容命名（如："生境""植株""花""果实"），放在一个文件夹内，文件夹用采集号命名（图13）。图像要求像素不低于

300dpi，图像分辨率不低于2048×1536，并且图像能准确反映改品种的特征。

## 五 苹果地方品种资源圃的建立与遗传型和环境表型的鉴别

加强对主要生态区具有丰产、优质、抗逆等主要性状苹果资源的收集保存，注重地方品种优良变异株系的收集保存，主要针对恶劣环境条件下的苹果地方品种，注重对工矿区、城乡结合部、旧城区等地濒危和可能灭绝苹果地方品种资源的收集保存。

收集的苹果地方品种先集中到资源圃进行初步观察和评估，鉴别同名异物和同物异名现象。着重对同一地方品种的不同类型（可能为同一遗传型的环境表型）进行观察，并用有关仪器进行简化基因组扫描分析，若确定为同一遗传型则合并保存。对不同的遗传型则建立其分子身份鉴别标记信息。

果实1.JPG　果实2.JPG　果实3.JPG　果实4.JPG　果实5.JPG

果实6.JPG　花.JPG　叶.JPG　植株1.jpg　植株2.jpg

图13 苹果地方品种图片命名（张川 供图）

苹果已有国家资源圃，收集到的地方品种进入其国家种质资源圃保存，同时在郑州地区建立苹果地方品种资源圃，用于集中收集、保存和评价有关地方品种资源，以确保收集到的地方品种资源得到有效的保护。郑州地处我国中部地区，中原之腹地，南北交汇处，既无北方之严寒，又无南方之酷热。因此，非常适宜我国南北各地主要落叶果树树种种质资源的生长发育，有利于品种资源的收集、保存和评价。

## 六 苹果基本性状的文字、图像数据库建立，GIS信息管理系统的建立

### 1. 苹果地方品种资源重要性状数据库

利用苹果资源圃保存的主要地方品种资源和实地科学调查收集的数据，建立我国主要苹果优良地方品种资源的基本信息数据库，包括地理信息、主要特征数据及图片，特别是要加强图像信息的采集量，以区别于传统的单纯文字描述，对性状描述更加形象、客观和准确。

### 2. 开发苹果地方品种GIS信息管理系统

对我国苹果优良地方品种资源进行一次全面系统的梳理和总结，摸清家底。根据前期积累的数据和建立的数据库，开发我国苹果优良地方品种资源的GIS信息管理系统，并将相关数据上传国家农作物种质资源平台，实现信息共享。

## 七 苹果地方品种收集的必要性和紧迫性

我们在苹果地方品种的调查过程中发现，由于当地社会经济状况已经发生了翻天覆地的巨大变化，苹果地方品种的生存状况自然也会相应发生变化。实际上随着经济的发展，城镇化进程的加快；苹果果树产业向着良种化、商品化方向发展；苹果地方品种的生存空间和优势地位正加速丧失，导致苹果地方品种因为各种原因急速消失，濒临灭绝，许多苹果地方品种现在已经无法寻见。通过此项工作，一方面能够了解我国苹果地方果树生产现状，解决其生产的各种问题，另一方面也为收集和保存大量自然产生的苹果品种资源，丰富我国苹果种质资源库，为选育优良苹果品种提供更多优异原始材料。对我国优势产区苹果地方品种资源进行调查和收集，可以在有限的时间和资源配置下，快速有效地了解和收集到最多的苹果资源。

# 第三节
## 我国苹果地方品种的起源与区域分布

### 一 苹果的起源和演化

苹果（*Malus pumila* Mill.）作为一种古老的果树，是世界温带地区最重要的果树作物之一（Zohary et al.，2000）。当前苹果可大致分为中国苹果和西洋苹果两种类型。一般认为中国苹果起源于新疆野苹果（塞威士苹果），西洋苹果则起源于中亚塞威士苹果。瓦维洛夫认为古代突厥地区（现包括哈萨克斯坦、吉尔吉斯斯坦、乌兹别克斯坦、土库曼斯坦和塔吉克斯坦）的野苹果及其近亲属是中国苹果和西洋苹果共同的祖先。野生苹果驯化的全过程可追溯到阿拉木图（现哈萨克斯坦境内），Vavilov认为，因为野苹果存在部分外观特征与栽培苹果高度相似，因此推断野生苹果为现代栽培品种的祖先。近年来，通过对该地区的实地工作似乎证实了野生和栽培苹果之间的相似性（Forsline，1994；Forsline et al.1995）。此外，Janick等认为中亚地区为栽培苹果最大多样性和起源地。这与Vavilov所认为的多样性中心是起源地相符。

中亚地区的野生苹果与当前世界各地不同类型的苹果具有密切的关系。山荆子[*Malus baccata*（L.）Borth]是一种小而红色的果实，700万年～1000万年前，天山山麓西部的伊犁地区，山荆子的繁衍即达极盛时期。在第四纪冰期来临之时，天山迭次冰川下降，使当地第三纪喜暖的针叶树和阔叶林大量灭绝，或被迫迁移到低山地带的谷地和盆地中，而在冰期荒漠地带干热的条件下，又摧毁了大部分的中生代树种。只有未受到冰川袭击而又免于荒漠干旱的前山谷地，如伊犁谷地、霍城盆地和哈萨克斯坦的衣尔库盆地、巴尔哈什盆地的前山，才成为这些第三纪喜暖植物的"避难所"。直至5000～8000年前，这块地区逐渐出现人类活动的迹象，加之马被人类所驯化。在之后的几千年间，数以千计的苹果品种在苹果的迁移过程中被逐渐选育出来（Zohary et al.，1975）。根据考古发掘出的信息，确定在新石器时代或青铜器时代晚期，在中国中部至欧洲的"丝绸之路"上，一些商人通过马匹携带了中亚野生苹果的种子。3800年前，在美索不达米亚的Mari地区出现了一种重要的可以永久保存的苹果的方法—嫁接（Zohary et al.，1975）。通过楔形文字的描述，这是一项最初应用在葡萄上的技术，但也很容易应用在苹果上。之后，在高加索地区成为西洋苹果的一个重要的起源中心后，又由高加索传入古希腊，再经意大利传入西欧，期间掺入了起源于欧洲的森林苹果（*M.sylvestris* Mill.）的基因，逐渐形成了西洋苹果在西欧的次生中心，并由于相互杂交产生了大量的品种资源。在过去的20年里，苹果的栽培品种已经在世界范围内呈现多样化和蓬勃发展。

中国苹果与西洋苹果虽有共祖关系，但两者自古以来就是在完全隔绝的生态地理条件下生长繁衍，原始的种质基因虽相同，但其形态上的特征特性有着明显的差异，两者皆属驯化而来的栽培种。苹果在中国已经有2000多年的栽培历史，相传夏禹所吃的"紫柰"，就是红苹果，可见苹果在中国的历史已经很悠久了。中国苹果古称为"柰"，俗称绵苹果，中国史书自汉以后历代皆有记载。最早是公元前2世纪司马相如《上林赋》中有"柰、厚朴"之句，柰即苹果。公元3世纪，晋郭义恭《广志》记载"柰有白、青、赤3种，张掖有白柰，酒泉有赤柰"……"西方例多柰，家家收切曝干为脯，数十百斛为蓄积，谓之频婆粮"。当时已知"正月二月中，翻斧斑驳椎之，则饶子"。即类似现代的环状剥皮技术，来促使多结果。这说明晋代中国种植苹果的技术水平已达到相当高的程度了。宋李调元的《南海百咏抄》，已有咏苹果诗云："虞翻宅里起秋风，翠叶玲珑剪未工，错认如花枝上艳，不知荬子缀猩红"。迄至明代，不但有"夏熟"的"素奈，朱奈、绿奈"，而且"凉州有冬奈，冬熟，子带碧色"。

据文献记载，我国的苹果栽培历史至少已有2000多年。最初称为奈，在汉代的上林苑中，所种植的奈，已有3个品种。到了公元3世纪，中国西北地区，特别是河西走廊一带已大量栽培苹果属果树。19世纪中叶以后，国外大苹果品种通过西方的传教士引入中国，经过当地群众的选育、繁殖、推广，逐渐开始了苹果的规模栽培。

从形态上来讲，绵苹果的根、茎、叶片、花、果实各器官的形态具有新疆野生苹果的全部特征；在新疆伊犁地区的新源、霍城等地区20世纪初尚有新疆野苹果自然分布区的野果林$6×10^3~7×10^3hm^2$，其密集区域为霍城县、巩留县、伊宁市，故伊犁地区是一个野生苹果的多型性中心，也是绵苹果的起源中心。从微观方面看出新疆塞威士苹果较为原始，绵苹果较为进化，绵苹果从新疆塞威士苹果演化而来的证据：①两个种的染色体都为二倍体2n=2x=34，没有发现多倍体，都是比较原始的种。但新疆塞威士苹果染色体的平均臂比值为1.94，小于绵苹果的2.10（梁国鲁等，1993）；②两个种的孢粉形态特征相同，皆近圆球形，但绵苹果的P/E值为1.1192，小于新疆塞威士苹果的1.1990（杨晓红等，1992）。此外，两个种的过氧化物酶同工酶谱基本一致，主要酶带等位，PⅡ区的7、9、11，3条酶带与PⅢ区的4、5、7、8，4条酶带相一致，说明其种性相近（李育农等，

1995）。根据以上研究结果可以得出结论，中国苹果直接起源于中国新疆的塞威士苹果。

## 二 苹果资源现状

种质资源是农业生物资源的重要组成部分，苹果种质资源是具有特定的遗传物质、在苹果生产和育种上有利用价值植物的总称，包括苹果属植物的种、品种、类型以及近缘的植物。新疆野苹果[*M. sieversii*（Led.）Roem.]（图14～图19）是苹果的野生种。西洋苹果起源于中亚的塞威士苹果，但杂有高加索东方苹果（*M. orientalis* Uglitz.）和欧洲森林苹果（*M. Sylvestris* Mill.）的基因，而中国苹果则是从新疆塞威士苹果的纯系驯化而来的栽培种。

世界苹果属植物的野生种，因生态地理条件不同，起源演化的先后亦各有不同，大体在东南亚、中亚、西亚、欧洲和北美洲按纬向界限形成明显分布的五大基因中心。各个基因中心皆有其特定的代表种和大量的多型性类型，综合形成世界苹果属植物纬向不均匀分布的五大基因中心。东亚基因中心主要包括中国、越南、老挝、日本等国。共有新疆野苹果*M. sieversii*（Led.）Roem.（图20～图22）、山荆子*M. baccata*（L.）Borkh.（图23、图24）、丽江山荆子*M. rockii* Rehd.（图25）、湖北海棠*M. hupehensis*（Pamp.）Rehd.（图26）、锡金海棠*M. sikkimensis*（Wenzig.）Koehne.（图27）、三叶海棠*M. sieboldii*（Regel）Rehd（图28）、陇东海棠*M. Kansuensis*（Batal）Schneid.、花叶海棠*M. transitoria*（Batal.）Schneid（图29）、山楂海棠*M. komarovii*（Sarg.）Rehd.小金海棠*M. xiaojinensis* Cheng et Jiang、变叶海棠*M.*

图14 新疆野苹果3号（卜海东 供图）　图15 新疆野苹果4号（卜海东 供图）　图16 新疆野苹果5号（卜海东 供图）

图17 新疆野苹果6号（卜海东 供图）

图18 新疆野苹果7号（卜海东 供图）

图19 新疆野苹果8号（卜海东 供图）

图20 新疆野苹果9号（卜海东 供图）

图21 新疆野苹果10号（卜海东 供图）

图22 新疆野苹果11号（卜海东 供图）

图23 山荆子1号（卜海东 供图）

图24 山荆子2号（卜海东 供图）

图25 丽江山荆子（卜海东 供图）

图26 湖北海棠（卜海东 供图）

图27 锡金海棠（卜海东 供图）

图28 三叶海棠2号（卜海东 供图）

*toringoides*（Rehd.）Hughes、滇池海棠*M. yunnanensis*（French.）Schneid.、沧江海棠*M. ombrophila* Hand.-Mazz、河南海棠*M. honanensis* Rehd.、西蜀海棠*M. prattii*（Hemsl.）Schneid.、台湾林檎*M. doumeri*（Bois）Chev.、老挝林檎*M. laosensis*（Card.）Chev、乔劳斯基海棠*M. tschonoskii*（Maxim.）Schneid. 18种；起源于中亚哈萨克斯坦的1种为塞威士苹果*M. sieversii*（Led.）Roem.；起源于西亚高加索的1种为东方苹果*M. orientalis*.Uglitz；起源于欧洲的3种，为森林苹果*M. sylvestris* Mill.、意大利海棠*M. florentina*（Zuccagni.）Schneid（图30）、三裂叶海棠*M. trilobata*（labill.）Schneid；起源于美洲的4种，为草原海棠*M. ioensis*（Wood.）Brit、野香海棠*M. coronria*（L.）Mill.、窄叶海棠*M. angustifolia*（Ait.）Michx、褐海棠*M. fusca*（Raf.）Schneid，共27个代表种。

### 1. 我国苹果种质资源现状

全世界的苹果野生种有27种（图31～图39），原产于我国的有17种（李育农，2001）。根据文献分析、调查研究及试验等证明，四川、贵州、云南和西藏东南部被认为是中国苹果野生种的遗传多样性中心（李育农，1999）。其中四川14种、贵州和云南各10种、西藏8种，占我国苹果野生种数量的2/3。此后在这些地区又陆续发现了许多新种（成明昊，1992）。新疆野苹果群是我国最大的苹果野生种自然分布群落，研究者认为野苹果群落的形成与第四纪冰川（200万～300万年前）的反复进退有关（李育农，1999）。新疆野苹果针刺较少，叶片长椭圆形，茸毛较多，锯齿细锐，果实肉质绵软，与内地的沙果、槟子性状相类似，亲缘较近。李育农（1989）研究认为，现代栽培种与新疆野苹果在表观形态、同工酶和染色体等方面极为接近，新疆野苹果应是现代栽培苹果的原生种。冯涛等（2006）分析了新疆野苹果果实形态，亦认为新疆野苹果在果实形状、色泽等性状具有栽培苹果的典型特征，支持新疆野苹果是栽培苹果的祖先种观点。

我国是苹果属植物的起源演化中心之一，是世界上苹果属植物最丰富的国家。在苹果属植物中，作为果树栽培的有苹果、沙果、海棠果（图40～图44）等多种类型。苹果在26个省（自治区）都有分布，但以四川西南、云南、贵州和西藏东南部的种类最多，为我国苹果属植物的遗传多样性中心。我国苹果栽培种是由分布于新疆的新疆野苹果[*M. sieversii*（Led.）Roem.]演化而来，其分布以新疆天山以南为中心，向甘肃、陕西、山西、河北、山东扩散，新疆天山以南历史上以和田、叶城、喀什分布最多，但目前新疆天山以南的绵苹果已逐渐被西洋苹果取代，使得当地绵苹果这一种质资源面临绝境；甘肃河西走廊的武威、酒泉和敦煌早在1400年前就是苹果的栽培中心。1999年前后，兰州、甘肃河西走廊一带的老果园，犹有数十年甚至百年以上的绵苹果、白果子、红果子和酸苹果树。20世纪80年代，陕西各地仍旧栽培有沙果、蜜果和白苹果，且神木和府谷的海棠种类繁多，分布广泛。山西是历史上绵苹果分布盛区，西北部高寒干燥区的神池、平鲁等，寒冷地区阳高、大通等，冷凉干燥区河曲、太原、太古等以及晋南温暖半干燥区，历史上均有绵苹果的栽培。河北怀来、涿鹿、昌黎、遵化及迁安历史上皆以绵苹果著称，主要品种有'白彩苹''八棱海棠'（图45、图46）、'香果'等。8世纪，山东的苹果已经成为重要果树之一，绵苹果和砧木资源以山东中部山区的青州、沂水、沂源、莱芜、淄博等地最为集中。此外，四川的南部和东部等，云南的昭通、德钦、维西，贵州的威宁，西藏东南的昌都、波密等，内蒙古的呼和浩特等地，都有苹果属种质资源的分布。

### 2. 国内苹果分布情况

苹果属植物属于干性中生植物，无论从其形态特征或者从其生物学特征来看，大部分具有较强的抗旱性能，生长发育同时要求较好的光照条件。从分布区域来看，可以分为新疆分布区和横断山脉分布区；由资源类型分析，可以分为野生资源和地方品种资源。

#### (1) 我国苹果分布区域

① 新疆分布区

新疆野苹果在我国仅分布于新疆，形成了3个较为集中的分布区，包括伊犁地区的天山山区和塔城地区的塔尔巴哈台山、巴尔鲁克山及南天山的阿克苏地区，其中伊犁河谷地区的野苹果群落分布密集、连续，其他地区多为小面积或零星分布（阎国荣等，2010）。伊犁河谷位于天山山脉中部，三面环山，地处东经80°09'～84°56'，北纬42°14'～44°50'。伊犁河谷气候温和湿润，属于温带大陆性气候，年平均气温10.4℃，年日照时数2870小时。年降水量417.6mm，山区达600mm，是新疆最湿润的地区。日温差大，无霜期因地形纬度不同为140～180天。

图29 花叶海棠（卜海东 供图）

图30 意大利海棠（卜海东 供图）

图31 苹果野生种10号（卜海东 供图）

图32 苹果野生种11号（卜海东 供图）

图33 苹果野生种12号（卜海东 供图）

图34 苹果野生种13号（卜海东 供图）

图35 苹果野生种14号（卜海东 供图）

图36 苹果野生种15号（卜海东 供图）

图37 苹果野生种16号（卜海东 供图）

图38 苹果野生种17号（卜海东 供图）

图39 苹果野生种18号（卜海东 供图）

图40 海棠果1号（卜海东 供图）

图41 海棠果2号（卜海东 供图）

图42 海棠果3号（卜海东 供图）

图43 海棠果4号（卜海东 供图）

图44 海棠果5号（卜海东 供图）

图45 八棱海棠1号（卜海东 供图）

图46 八棱海棠2号（卜海东 供图）

气温年变化十分明显，以1月最冷，极端最低温度可达-30℃以下；7月最热，平均温度在22～23℃，极端最高温度可达39～40℃。冬季最长，春长于秋，夏季最短。气候温和，热量丰富，光照充足，形成了独特的生态环境，为野果林植物的生长发育创造了良好的生存条件，也是中亚地区野生植物资源最丰富的地区（图47～图50）。新疆野苹果是组成野果林的主要树种，约占野果林的90%左右，海拔一般在900～1930m。

②横断山脉分布区

横断山脉主要包括了四川、云南西部、贵州及西藏东南部地区，这些地区是苹果属植物一个重要的发展中心，并以此中心向外进行演化辐射。此地区地理环境独特，造成了众多的苹果野生种及其种下类型，自然分布有丽江山荆子、西蜀海棠、滇池海棠及沧江海棠，为其他地区所没有；小金海棠、马尔康海棠等（成明昊等，1992）分布海拔约在1500～3700m；山荆子、湖北海棠、变叶海棠、陇东海棠、河南海棠及花叶海棠在此区也有大量分布，并呈混生状态。四川已发现苹果野生种13种

（康厚生等，1984）。在盐源地区，丽江山荆子分布广泛，集中在元宝、盐塘区及平坝区，为当地主要砧木；湖北海棠零星分布，数量少；三叶海棠在盐塘区有集中分布区域，也用作砧木；沧江海棠常与三叶海棠混生；滇池海棠分布较广，集中分布于元宝、盐塘区。在阿坝藏族羌族自治州，湖北海棠集中分布于马尔康、九寨沟等地；小金海棠主要分布于小金县，为近年新发现的野生种；三叶海棠分布于茂县毛显坪、南坪等地区；陇东海棠分布于理县、马尔康、金川、黑水、松潘、九寨沟、汶川、茂县、若尔盖等地区；花叶海棠分布于阿坝、若尔盖、迭部等地区；河南海棠在九寨沟勿角乡有零星分布；滇池海棠在茂县宝顶山、光明乡毛海坪及汶川有分布。云南素有"植物王国"之称，苹果野生种有6～7个，以滇西北的丽江、迪庆的种类最多（中国农业科学院郑州果树研究所，1985）。在滇西北地区，丽江山荆子分布较广，在香格里拉、剑川、丽江、维西等地区均有分布；锡金海棠分布于丽江和德钦；滇池海棠主要分布于丽江；湖北海棠主要分布于腾冲；三叶海棠主要分布于维西；沧江海棠主要分

图47 新疆野苹果原生境（曹秋芬 供图）

图48 新疆野苹果原生境（曹秋芬 供图）

图49 新疆野苹果植株（曹秋芬 供图）

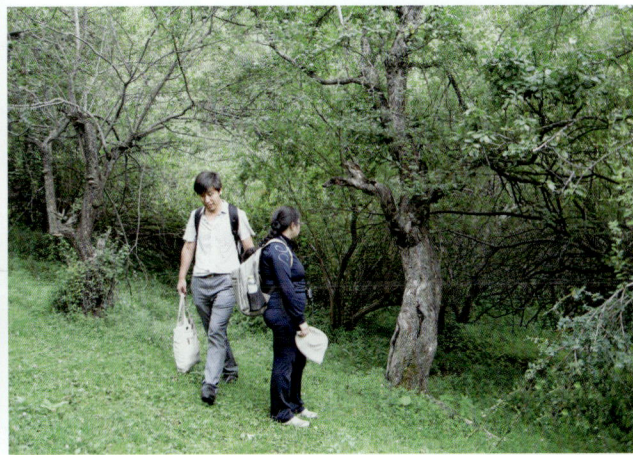

图50 新疆野苹果植株（曹秋芬 供图）

布于贡山；西蜀海棠在丽江及维西均有分布（李坤明等，2006）。贵州有苹果野生种12种，在赫章地区调查发现有6种，威宁地区有5种（樊卫国等，1990），德江、册亨地区分布有2种（樊卫国等，2002）。西藏苹果野生种据调查约有7个野生种，集中分布于波密、昌都、察隅、米林、墨脱、亚东、日喀则、吉隆及林芝等地（郑惠章等，2004；梁玉璞，1981）。

**(2) 我国野生资源和地方品种资源分布现状**

①我国野生资源分布现状

苹果属野生资源（表5，图51～图59）在我国分布比较广泛，苹果野生种在自然条件下，大部分分布于夏绿阔叶林带的边缘，或森林草原的梢林地带，有些种类分布于沟谷之中，并呈多种群混合分布。主要分布于我国西南的云南、贵州和四川，西北的新疆、甘肃和东北黑龙江等地区。不同的野生种具有不同的分布特点，新疆野苹果、山荆子和变叶海棠在调查中均发现成片分布区，其中新疆野苹果集中分布面积最大，主要分布于新源新疆野苹果保护区、巩留莫乎尔乡八连、霍城大西沟乡庙儿沟等地，海拔1172～1630m。山荆子分布范围最广，在调查区域均

图62 盘石铃铛果芽（李好先 供图）

图63 盘石铃铛果叶（李好先 供图）

图64 盘石铃铛果花（李好先 供图）

图65 盘石铃铛果果实（李好先 供图）

图66 南岔沙果芽（李好先 供图）

图67 南岔沙果叶（李好先 供图）

图68 南岔沙果花（李好先 供图）

图69 南岔沙果果实（李好先 供图）

图70 乌马河沙果1号芽（李好先 供图）

图71 乌马河沙果1号花（李好先 供图）

图72 乌马河沙果1号果实（李好先 供图）

图73 乌马河沙果2号芽（李好先 供图）

图74 乌马河沙果2号花（李好先 供图）

图75 乌马河沙果2号果实（李好先 供图）

4000万t，均为全球第一。中国是世界苹果属植物的基因起源中心之一。新中国成立以后，较早地开展了收集、保存苹果种质资源的工作。有组织、大规模地收集、保存工作起始于20世纪60年代，特别是1973年组织了有科研、教学、生产单位参加的全国"矮化砧木繁殖和利用研究"协作组，重点对甘肃武山、陕西铜川、河南卢氏、四川盐源、峨眉山等地的野生种进行了调查。1974年，又组织8个协作单位对云南西北的丽江、维西、香格里拉、德钦等地区进行了调查，共收集苹果属野生资源7个种，44份材料，考察了锡金海棠在滇西北的分布状况。在调查研究的基础上，20世纪80年代国家立项，在中国农业科学院果树研究所开始建立国家果树种质苹果圃，主要进行苹果种质资源国内外征集与引种工作。至1988年圃地建成时，共引入国外苹果种质资源258份，其中直接引自美国、日本、波兰、德国等12个国家的有143份，包括优良品种'首红'（Red chief）'乔纳金'（Jona Gold）'皇家嘎拉'（Royal Gala）等；抗病品种'普利玛'（Prima）'诺松'（Norson）等；具有矮化遗传性状的品种'阿尔克明'（Alkmene）'短枝旭'（Macspur）；观赏品种'乙女'（Alps Otome）等，其他近缘野生种主要从国内征集。

苹果野生种有些种类不仅直接利用于生产，用作砧木，而且还有许多特异或优质资源，用于资源创新研究，有的具有极大的开发利用潜力。苹果野生种直接用作砧木，充分体现了其根系庞大、抗性强等特点。山荆子适用于东北寒冷地区；新疆野苹果在西北地区不仅表现抗寒，也较耐盐碱；在西南地区常用丽江山荆子等；湖北海棠在华中、华南等地区用作砧木。利用野生种强大的抗性，育出了许多表现优良的矮化抗性砧木。如从河南海棠实生苗中选出S系砧木，以'国光'和河南海棠为亲本，育出了SH系列

砧木，从小金海棠实生苗中选出抗缺铁黄叶病的优良砧木中砧1号，利用无融合生殖特性，以平邑甜茶为材料，选出青砧系列砧木。民间常有食用苹果野生种果实的习惯。在吉林、黑龙江农村，将充分成熟的山荆子果实用糖腌制后，口感酸甜，常用作冬天的小吃。在广西、湖南等地，以林檎作为生产原料，制作山楂饼、山楂糕等食品，也有饮林檎茶的习惯和嗜好，并且发现林檎还具有药用价值（李育农，1999）。野生种的果实不仅维生素C的含量远高于栽培品种，其类黄酮的含量亦非常之高，可以作为培育高类黄酮品种的亲本材料（聂继云等，2010）。

加强我国苹果种质资源调查与收集，可以丰富我国苹果资源保存的多样性，我国目前苹果种质资源保存700余种（表6），2005—2016年对我国西北、华北、西南、东北和华东苹果属植物集中分布地区的调查和收集，旨在进一步摸清家底，扩展我国苹果属种质资源的保存类型和数量，为保护利用及科学研究提供基础资料（表7）。调查结果表明：我国苹果属种质资源类型多样，分布广泛，西北、西南和东北地区的苹果野生种资源丰富，地方品种少量分布；华北地区以地方品种为主，野生种类型较少。目前野生资源集中分布面积逐年减少，由先前的大范围散落分布逐渐转变为小面积集中分布；地方品种面临的问题较多，多是砍伐频发，流失严重。

### 4. 国外苹果种质资源保存情况

苹果的栽培范围遍布世界五大洲，种植极其广泛，是全球四大水果之一。据统计，目前具有一定生产规模的国家和地区有80多个，但栽培面积超过40万hm²的国家和地区只有中国和欧盟，超过10万hm²的国家有印度、波兰、澳大利亚、俄罗斯、伊朗、土耳其和美国；年产量超过100万t，主要有中

为5.70% ~ 77.80%。单果重、硬度、维生素C、类胡萝卜素是决定果实品质的重要成分，对果实品质起主要作用。苹果9个品质指标之间存在着相对独立性和密切相关性，维生素C与可滴定酸呈极显著负相关，与单果重呈显著正相关，类胡萝卜素与可滴定酸呈显著负相关，与固酸比呈极显著正相关。综上所述，最终确定单果重、果形指数、果肉硬度、可溶性固形物含量、可滴定酸含量为5个具有代表性的品质评价指标，它们可以反映苹果品质的绝大部分信息。

### 6. 我国苹果发展现状

中国的苹果栽培面积和产量均居世界第一位，是世界上最大的苹果生产国和出口国。根据季候特点、生产规模以及主要品种与砧木组成，可以将我国的苹果生产主要集中在四大产区，即渤海湾产区（山东省、河北省、辽宁省、北京市、天津市）、黄土高原产区（陕西省、甘肃省、山西省、宁夏回族自治区、青海省）、黄河故道产区（河南省、江苏省、安徽省）和西南冷凉高地产区（云南省、贵州省、四川省）。四大产区的栽培面积和产量分别占到全国的95%和97%。

渤海湾苹果产区包括河北省大部分及北京、天津两市，该产区苹果品种资源多，曾先后引进西洋苹果品种达300多。一方面选育和推广新品种，如'辽伏''胜利''寒富'和'甜黄魁'等；另一方面，又引进了元帅系浓香型和短枝型品种以及'富士''嘎拉'和'乔纳金'等新品种。黄土高原苹果产区主要包括陕西大部分地区、山西中南部、甘肃南部和青海东部等地区，是全国规模最大、产量最高、最具发展潜力的苹果优势区域。主要以'富士'等优质晚熟鲜食苹果生产为主，此外还有'嘎啦''元帅''秦冠'等优质品种。我国的苹果主要分布在陕西省、山东省、河南省、河北省、山西省、辽宁省和甘肃省，产量占全国总产量的90%（史星雲，2013）。

近20年，中国苹果面积和产量提高了近10倍，苹果生产对于改善生态、提高农民收益发挥了重要作用。中国从国外引进了大量的苹果品种，国内也通过杂交、选择、诱变等途径选育出了许多苹果新品种。目前，中国苹果的主栽品种主要为富士系、元帅系、嘎啦系。市场上'富士'（Fuji）的栽培面积占到一半以上，其次有'乔纳金'（Jona gold）、'嘎啦'（Gala）'秦冠'和'国光'（Ralls Janet）等。其中早、中熟品种以嘎拉系为主，包括'红嘎拉''皇家嘎拉'等，还有'藤牧1号'和'珊夏'也有栽培，中早熟品种嘎拉系占苹果总面积的10%；中晚熟品种主要以'新红星''华冠'为主，还有其他的品种，如'乔纳金''金冠''华冠'和'新世界'等；晚熟品种主要是富士系。

### 7. 我国苹果育种研究进展

我国是世界上最大的苹果生产国，生产上的主栽品种为富士系，占总栽培面积的65%以上；其次为元帅系、'嘎拉''乔纳金'，还有逐渐减少的'秦冠''国光''金冠'等品种（王金政等，2008）。由于早、中熟苹果品种成熟时的气温较高，果实货架期短，使得早、中熟品种的种植面积有限，不能满足市场的需要。在一些产区出现早、中熟品种果实畅销、售价偏高的局面。近年来在新发展果园中仍以富士晚熟品种为主，同时'嘎拉''美八''藤牧1号'等为代表的早、中熟品种比例逐渐增多（伊凯等，2008）。特别在黄河故道地区，由于夏季高温多雨，晚熟品种的病虫害相对较多，管理成本较其他地区高；且物候期早、种植的早、中熟品种成熟期早，可以早上市、市场销路较好，投入回报快，所以种植早、中熟苹果品种广泛被果农所接受。然而目前生产上有规模种植的早、中熟品种大多都是从国外引进的品种。我们通过对我国早、中熟苹果产业的总结回顾，对我国自育的早、中熟品种加以整理评价，为一些适合种植早、中熟苹果品种地区发展早、中熟苹果品种产业提供技术支撑。

### 8. 早、中熟苹果品种的生产现状和选育进展

**(1) 早、中熟苹果品种的生产现状**

① 早、中熟苹果品种的种植比例

我国苹果产业中的早、中熟品种种植面积和产量所占比例相对较低。据统计中晚熟和晚熟品种的种植面积占总种植面积的85%以上，而早熟和中熟苹果品种不足15%（王金政等，2008）。

② 生产上主栽的早、中熟苹果品种

目前我国生产上主要栽培的早、中熟品种大多都是20世纪80、90年代从国外引进的品种，如'藤牧1号''早捷''贝拉''美八'和'嘎拉'等。'早捷'和'贝拉'由于酸度大逐渐被淘汰，'藤牧1号''美八''嘎拉'及其芽变系成为早、中熟品种的主要栽培品种。然而这些品种均存在不同程度的缺陷，'藤牧1号'着色差、采前易落果且货架期短，'美八'的

色泽好、果个大，但肉质稍粗、风味偏淡（韩立新等，2008）。'嘎拉'的品质好但果个较小，平均单果质量不足150g。近些年来我国自行选育出的早、中熟品种，如烟台市果树站选出的烟嘎系列（王金政等，2008），中国农业科学院郑州果树研究所选育的'早红''华美''华玉'，陕西农林科技大学选育的'秦阳'，辽宁省果树研究所选育的'绿帅'等（伊凯等，2005），这些新品种在某些性状上明显优于目前主栽的早、中熟品种，已逐渐成为新发展果园早、中熟的主推品种（过国南等，2003）。

**(2) 早、中熟苹果品种的选育进展**

①育成的苹果品种类型

据统计，我国有40多个农业科研院所和大专院校、20余名科技人员先后参与了苹果育种的研究工作（王金政等，2008），过国南等统计截至20世纪末，通过各种育种技术培育出苹果新品种有200多个，在所有培育出的品种中、早熟品种占16.9%、中熟品种占29.3%、中晚熟品种占38.8%，晚熟品种占15.2%，所有的品种均为鲜食品种（高华等，2008）。2001年以后培育的新品种有41个，其中早、中熟品种16个，占培育品种的35.6%；晚熟品种29个，占64.4%；另有加工品种6个，占13.6%（程存刚等，2008）。

②不同时期的早、中熟品种选育研究

从我国开始苹果选育新品种研究以来，不同时期对早、中熟品种的选育目标不同。20世纪50年代至60年代初期，选育出的早、中熟苹果品种有'伏红''迎秋''红花''双红''友谊''伏锦''红生''甜黄魁''瑞香'等（陈学森等，2008；阎振立等，2007）。由于这些品种的品质一般、产量较低，在生产上没有规模栽培。60年代中期至70年代，'金冠''元帅''国光'为我国苹果生产上的三大主栽品种，这一时期的育种目标是以培育优质、高产、耐储藏的晚熟品种为主，早、中熟品种的选育数量很

少，只有'辽伏''金红'在某些地区一度成为生产上的主推品种（张顺妮等，2006）。80年代至今，国外的一些优良早、中熟品种引入我国，成为了我国早、中熟品种栽培中的首选品种如'藤牧1号''嘎拉''安娜''早捷'等（伊凯等，2006）。这一阶段也是我国选育早、中熟苹果品种最多的时期。先后选育出的早、中熟品种有'伏帅''伏翠''宁秋''特早红''岱绿''杭冠''杭翠''云早''云霞''象牙黄''华美''秦阳''七月鲜''泰山早霞''华玉''绿帅'等。许多品种在一些新栽果园中占有一定的栽培比例（高华等，2006）。如中国农业科学院郑州果树研究所培育的'华美'和'早红'品种在黄河故道地区、河南省三门峡、山西省运城、陕西省渭南已有规模栽培（张维民等，2006）。辽宁省果树研究所选出的'七月鲜'在黑龙江、吉林、新疆、辽北地区有一定的栽培面积（王冬梅等，2005）。西北农林科技大学选育的'瑞雪'，9月底成熟，耐储藏，常温下可存放5个月，冷库可储藏10个月（李丙智等，2005）。

③早、中熟品种的主要选育单位和选育方法

由表8看出，从20世纪80年代至今，我国培育出的早、中熟苹果品种共有40多个，参与的育种单位有20个，其中选育出品种最多的单位是云南省园艺研究所，共选育出8个新品种，成熟期从6月下旬到8月下旬（李丙智等，2005）。其次是中国农业科学院郑州果树研究所，共选育出4个新品种（杨振英，2005），吉林省果树研究所、青岛农业大学、山东农业大学和山东省果树研究所各选育出3个新品种，其余的育种单位均选育出1~2个新品种（田建保等，2005；赵永波等，2004）。

在选育方法上主要是以杂交育种为主，芽变选种和实生选种为辅。其中利用杂交育种方法培育出的早、中熟品种有24个（杨建明等，2003）。利用芽变选种和实生选种培育的早、中熟品种有6个，其

表8 近年来培育的早、中熟苹果品种

| 育种单位 | 品种名称 | 亲本 | 育种方式 | 发表年份 | 成熟期 |
|---|---|---|---|---|---|
| 辽宁省农业科学院 | 绿帅 | 金冠实生 | 实生选种 | 2004 | 8月上、中旬 |
| 青岛农业大学 | 福早红 | 特拉蒙×新红星 | 杂交育种 | 2004 | 8月中旬 |
| 西北农林科技大学 | 秦阳 | 皇家嘎拉自然实生 | 实生选种 | 2005 | 7月下旬 |
| 中国农业科学院郑州果树研究所 | 华美 | 嘎拉×华帅 | 杂交育种 | 2005 | 8月上旬 |
| 中国农业科学院郑州果树研究所 | 早红 | 嘎拉实生 | 实生选种 | 2006 | 8月上旬 |
| 山东农业大学 | 泰山早霞 | 自然实生 | 实生选种 | 2007 | 6月下旬 |
| 中国农业科学院郑州果树研究所 | 华玉 | 藤牧1号×嘎拉 | 杂交育种 | 2008 | 7月下旬 |
| 西北农林科技大学 | 瑞雪 | 秦富1号×粉红女士 | 杂交育种 | 2015 | 10月中下旬 |

中通过芽变选育出的品种有12个，选出品种最多的是'嘎拉'芽变，共有5个品种，也是生产上应用最多、栽培面积最多的芽变品种（王慎喜等，2002）。通过实生选育出的品种有8个，其中'国光'自然实生品种1个、'金冠'自然实生品种3个、'嘎拉'自然实生品种2个、不知亲本的自然实生品种2个（卢本荣等，2001）。有一些早、中熟品种已在生产上发挥了很大的作用，成为当地的主栽品种。如山东省果树研究所从'金冠'实生单株中选出的'岱绿'，中国农业科学院郑州果树研究所从'嘎拉'实生中选出的'早红'，西北农林科技大学从'嘎拉'实生选出的'秦阳'，辽宁果树研究所从'金冠'实生中选出的'绿帅'等。在辐射诱变育种方面，我国应用较少、发展缓慢（王清美等，2001）。利用γ射线处理苹果休眠枝条和种子，共获得5个诱变品种，但只有宁夏农林科学院园艺研究所诱变的'宁光'品种为中熟品种，其余的均为晚熟品种（辛培刚等，2001）。在生物技术育种方面，我国于20世纪70年代后期开始研究花粉培养育种和胚乳培养育种，直到2004年发表了用'富士'的花药培养出来的新品种'华富'，但尚未

有早、中熟品种培育的报道（满书铎等，1995）。

④ 生产上有发展潜力的早、中熟新优品种

在苹果产业规划中要求适当提高早、中熟品种的比例，选择种植果实经济性状和栽培性状优良、并有一定的储藏能力和货架期是各地主管部门和果农首要考虑的问题。在目前一段时期内，优系'嘎拉''美八'等品种仍是生产上主栽的早、中熟品种。

除了这些品种外，还有一些我国自行培育的早、中熟苹果品种可以作为今后生产上主要推广的品种。'华美'：中国农业科学院郑州果树研究所用'嘎拉'和'华帅'；杂交培育而成，果实成熟期为8月初（王田利等，2007）；'华玉'：中国农业科学院郑州果树研究所用'藤牧1号'和'嘎啦'杂交培育而成，果实7月中旬开始着色，7月下旬成熟（葛顺峰等，2013）；'秦阳'：西北农林科技大学园艺学院果树所从'皇家嘎拉'自然杂交实生苗中选出的，7月中下旬成熟（葛顺峰等，2013）；'绿帅'：辽宁省果树研究所从'金冠'实生中选育出来的，果实8月上旬成熟（王宇霖，2008）。此外还有'秦翠''长富2号''瑞雪''瑞阳''秦蜜'等（图76~图80）。

图76 '瑞雪'果实（卜海东 供图）　　图77 '秦脆'果实（卜海东 供图）　　图78 '瑞阳'果实（卜海东 供图）

图79 '长富2号'果实（卜海东 供图）　　　　图80 '秦蜜'果实（卜海东 供图）

# 第四节
## 评估地方品种的鉴定分析

对苹果属植物进行较系统的研究，国外开始于17世纪70年代的林奈，而国内则始于20世纪50年代的俞德浚。对苹果属种质资源的演化和分类的研究，以往主要从形态学、细胞学、孢粉学和同工酶等遗传标记方面展开工作，直到近年来出现的以为DNA对象的分子标记法，目前取得了显著的研究成果（高源等，2007）。

### 一 苹果属种质资源亲缘关系和遗传多样性的研究进展

#### 1. 亲缘关系和遗传多样性的形态学研究

形态学是根据植物个体间形态性状的差异对植物进行分类，是最直观传统的研究方法。它是利用那些在植物的生长发育过程中，可用肉眼观察到的形态特征，即基因型的表现型进行分类。因其便于观察和获取，形态变化多样，具有较长的研究历史，其分类系统的建立需要很多系统的性状观察和指标作为依据（俞德浚，1979）。多数苹果野生种为异花授粉植物，其基因高度杂合。在不同生态环境中，经过漫长的演变，从自然的原始群落演变成多个种、亚种、变种及变型，生态型极其复杂，种的分类目前仍是一个难以解决的问题。传统的苹果属分类依据是叶在芽内的状态和叶全缘或浅裂、花柱数目和花药颜色、萼片脱落或宿存，果肉有无石细胞等植物学性状以及染色体、植物化学成分、同工酶等实验分类学证据。经过250多年的研究，苹果属植物的分类系统与亲缘关系已越来越清楚，但属内分类系统尚需进一步完善，还存在很多问题需要更多的证据来解决（钱关泽等，2005）。

我国苹果进化和分类的研究，从形态学入手做了大量的工作。最初以产地和树型上的区别为分类依据到花、果等生殖器官的性状研究，发展到运用数量分类进行综合分析。俞德浚1956年应用了Rehder分类系统的框架对中国原产的15个野生种和5个栽培种进行了中国苹果属植物的描述。随着研究的深入，1974年在中国《中国果树分类学》中，列举了中国苹果属植物的种类。1984年王宇霖将世界苹果属植物分为两个亚属：真苹果亚属与花揪苹果亚属。1989年Alwinckle以Hunchins综合了Darlington等多人关于苹果属植物分类的主张，在Rehder分类系统的基础上，调整了一些组和系，增加了一些野生种和栽培种，建立了苹果属组和原种的系统，其中最突出的变动是将Rehder分类系统中的花揪苹果组下的陇东海棠系与滇池海棠系提出来合成陇东海棠组，而原有的花揪苹果组下只剩下意大利海棠1种。在苹果系中增加了东方苹果和家植苹果，并接受了俞德浚在全属植物增加的9个种，只略去了丽江山荆子1种。由Rehder原定的25种，增加到33种。1991年兰氏将世界苹果属植物扩充为6组、11个系、58个种。《中国植物志》（2004）主要以形态学为依据，将叶在芽中是否卷曲、果萼是否宿存、叶片是否分裂作为主指标，将苹果属植物分为3组、5系、22种（图81）。

大多数果树种质鉴定主要依据所研究树种中最鲜明的形态特征进行区分、分类和命名，对种质资源保存和利用也是以观察的种质外部形态优异性状为依据。但是性状是基因和环境共同作用的结果，形态性状尤其是营养器官最易受环境修饰而发生变化，在环境条件不适宜时，反映不出很好的结果，而且形态学性状在品种水平上的形态学差异很少。现在已经认识到单以形态特征已不能对复杂的苹果野生种进行准确分类，因此，许多实验室手段应用到苹果属植物的分类及进化研究中，并取得了一定进展（张冰冰等，2008）。

**2. 亲缘关系和遗传多样性的孢粉学研究**

孢粉学是形态学的一个分支，花粉形态特征是受植物基因控制，而不受外界条件影响（高锁柱，

1988），是探讨起源、演化及亲缘关系的重要特征之一。随着扫描电子显微镜的出现和应用，使孢粉学研究进入一个崭新的阶段，其不仅可以用于种的鉴定，还可用于品种群的划分和品种鉴定。许多学者在应用孢粉学方法进行果树种质资源鉴定方面做了许多研究。

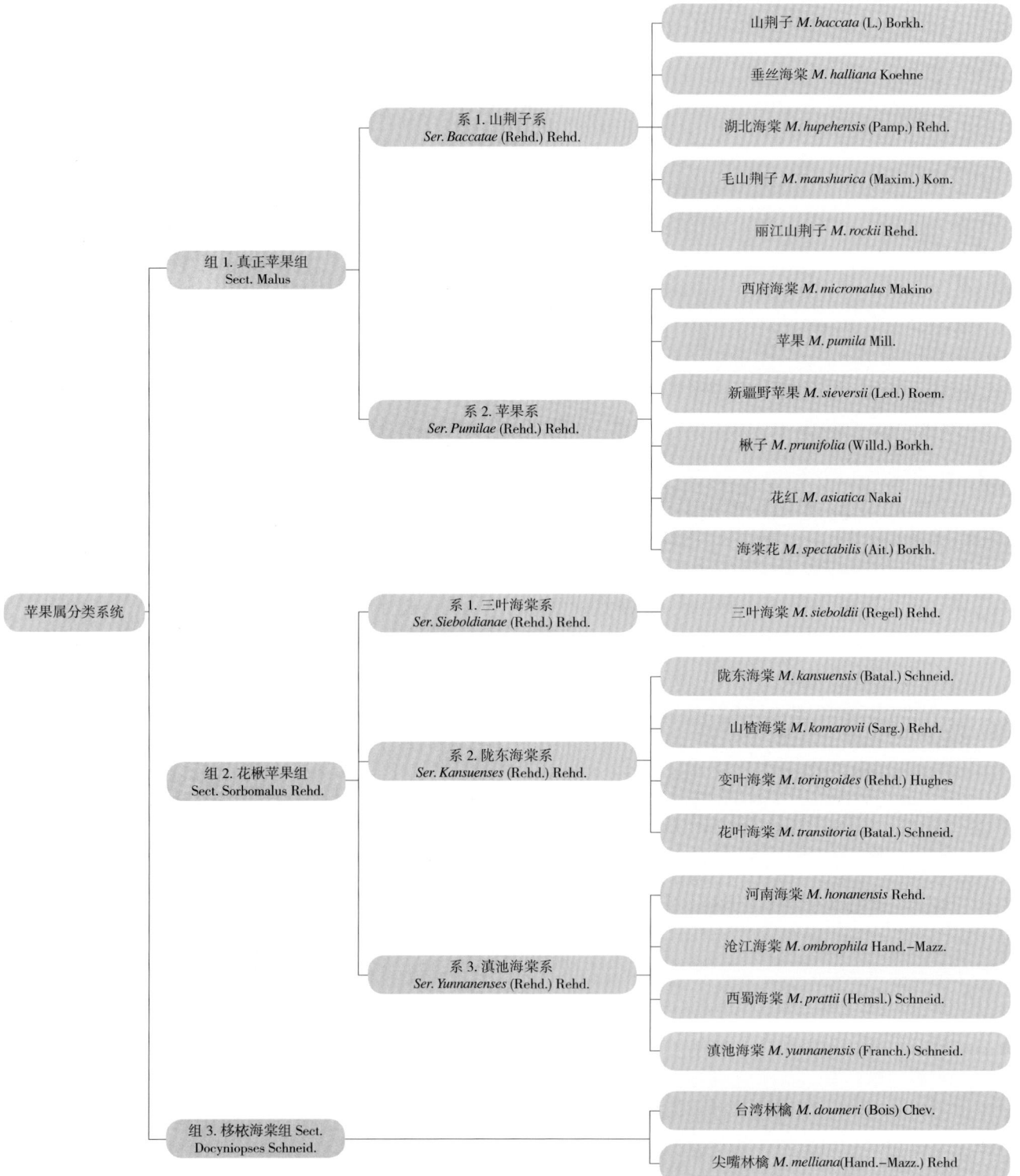

图81 苹果属分类系统（《中国植物志》，2004）

孢粉学的花粉形态观察可用于区别树种和分析植物的进化程度。肖尊安等（1986）提供中国苹果属20种植物的花粉，杨晓红进行了电镜扫描的形态观察，并计算其赤道轴E与极轴P之比（P/E值），发现苹果属植物大多数种类的花粉为长球形，纹饰条网状，萌发孔不外露，沟浅，极面观为三叶圆形，P/E值大；但苹果系Pumila Redh.种类花粉近球形，纹饰条状，萌发孔不外露，沟深，极面观为三叶形，P/E值小；而山荆子系花粉则呈长球形，P/E值较大。因此看出本属植物通过花粉形态可以推测其演化路线是由P/E值大到P/E值小，花粉外壁纹饰是由网状到条状。杨晓红（1992）通过扫描电镜观察李育农和林培均提供的新疆野苹果的29个不同类型植株的花粉，得出新疆伊犁河上游的野苹果较下游为原始的推断。之后进行扫描观察李育农和Ponomarenko提供的中亚和东欧的苹果野生种花粉，结果看出P/E的关系：中国新源新疆塞威士苹果＞霍城塞威士苹果＞中国绵苹果＞中亚塞威士苹果＞东欧森林苹果＞东方苹果。而贺超兴等亦选择了花粉外壁纹饰的特征作为全属植物分类的依据，引证Wallker的论断，认为植物花粉表面纹饰的演化趋势是由表面光滑—表面网状—表面扰状、刺状。从而得出苹果属植物花粉外壁纹饰是从条纹型向网状型发展。因此推测苹果组最为原始，多胜海棠较为进化，花揪苹果组最为进化。而这与形态分类、核学分类、化学和酶学分类的进化观刚好相反。之后，凌裕平等（1996）对4个苹果短枝型品种及其相应的起源品种的花粉形态进行比较研究发现：①苹果花粉形状相似，但大小存在着差异，所测品种中普遍表现为短枝型品种的花粉显著小于起源品种；②苹果品种花粉表面纹饰较复杂，主要分两类红星和新红星属于同一类型，其花粉粒表面为网状纹饰而'金帅''金矮生青香蕉''烟青印度''绿光'同属于一个类型，其花粉粒表面为条纹纹饰，走向与极轴基本平行；③短枝型品种花粉中出现异型花粉；④苹果花粉在形态构造上属于NPC系统中的N3P4C2类型。

因此应用孢粉学方法进行果树种质鉴定分类时要注意制样方法的影响（陈学森等，1992）并且即使同一品种内花粉粒之间也存在个体差异，所以如果仅以个别花粉形状的差异作为分类鉴定依据时并不可靠，必须结合其他指标进行综合考察。

### 3. 亲缘关系和遗传多样性的细胞学研究

细胞学方法是20世纪30年代兴起的一种利用染色体数目、核型、分带带型、减数分裂等进行分类的方法，这种方法也被广泛地应用到果树资源的鉴定中（胡志昂等，1991）。由于多倍体在果树育种和应用中的重要性，对染色体进行观察可以直观发现和鉴定果树种质资源中的多倍体，从而迅速应用到果树遗传育种和生产中。

苹果属植物的染色体分类研究，自20世纪30年代开始，近一个世纪以来，通过国际上10余位学者的努力，世界苹果属植物的40余个代表种的染色体数目、倍性与染色体减数分裂行为得到了基本查清。按照Stebbin核型分类的原则，以平均臂比值为根据，将中国苹果属植物染色体分为2A、2B和3B三大类型。之后，梁国鲁（1996）在小孢子染色体减数分裂的研究中，通过综合比较将苹果属植物染色体的联会构型也分为3类：以单价和二价体为绝对优势的真苹果组的8个种，有山荆子、丽江山荆子、锡金海棠、垂丝海棠、苹果、花红、西府海棠和楸子，构型交义频率为15～17；以单价体、二价体和一个四价体为主的花揪苹果组中陇东海棠系的3个种，陇东海棠、变叶海棠和花叶海棠，构型交义频率19.00；花揪苹果组下滇池海棠系的沧江海棠与河南海棠，多胜海棠组下的尖嘴林檎，有17个二价体，构型交义频率变幅为20～20.5。

染色体研究的实验条件相对简单，得出结果快，尤其是结合分带技术可揭示出大量染色体结构的变异，但是由于染色体制片技术和分辨率的限制，核型分析应用于品种鉴定和系统分类还有一定的难度。对于大多数具有小染色体和结构差异较小的果树植物来说，染色体核型分析还不足以达到进行品种鉴定的目的。但是随着植物染色体制片技术的日益成熟和各种分带技术、染色体原位杂交技术等的发展和应用，细胞学方法在将来可能会成为果树品种资源鉴定的一个有效手段。

### 4. 亲缘关系和遗传多样性的化学研究

1981年英国朗艾斯顿研究站William通过苹果属植物叶片和皮层中酚类物质的检测，发现二氢苯基、乙烯酮根皮甙和8种类黄铜物质分别在苹果属植物不同种中出现，可以作为检测种间亲缘关系的指标，从而对不同的分类系统加以比较和进行化学鉴定。检测后，William对Rehder分类的大体框架体系构成没有提出不同意见，但针对许多种如揪子、三叶海棠、多花海棠、意大利海棠、变叶海棠等在分类中的地位，提出了一般形态分类上没有发现的问题，从进化系统上William同意多胜海棠组Docyniopsis最为原始，其他为衍生组和较进化系统，尤以苹果组Eamalus最为进化。前苏联作物所应用生化性状的多元分析，研究苹果属植物种间亲缘关系。并初次使用酚类化合物组成数量的24个指标。结果认为将主要分量法应用于澄清本属植物的种、系、组之间的关系是适当的，认为苹果属按Koehne-Koidzumi分为脱萼与宿萼系统和Rehder-Langenfelds的进化系统的两种分类都具合理性。

### 5. 亲缘关系和遗传多样性的同工酶研究

生化分析用于系统多态性研究主要是同工酶的研究，自1959年Market和Moller首次提出同工酶概念以来，同工酶的研究已被广泛用于遗传学的研究和系统发育学的研究。同工酶即酶的多种分子形态，是指那些具有相同活性而分子结构及理化性质不同的酶蛋白分子。在高等植物中普遍存在，与性状表现有直接关系，被称为第二遗传信使。植物体内的同工酶在一定的部位、一定发育时期，其酶谱存在着相对的稳定性，它在一定程度上能够反映植物个体间的遗传差异，故同工酶作为鉴别树种和品种遗传性状的指标之一，已应用于研究树种和品种的起源、演化及分类等方面。同工酶进行种质资源研究具有如下优点：①避免趋同进化和功能相关等问题；②谱带简单明确，较主观性；③受环境影响较少，不存在加权问题；④共显性，可以区分杂合和纯合；⑤实验设备简单，材料来源丰富，成本较低，分析时间快且结果便于比较。

程家胜（1986）根据过氧化物酶同工酶酶谱特征构建苹果属13个种类的亲缘关系树状图。肖尊安等（1989）进行了苹果属17个种类酯酶同工酶和谷氨酸脱氢酶同工酶的模糊聚类分析。李育农等（1995）应用过氧化物酶同工酶电泳，对世界苹果属植物44个材料，就酶带数目的多少和酶活性的强弱，系统检测了Zabel（1903）、Schneider（1906）、Rehder（1940）和Langenfelds（1991）对世界苹果属植物分类系统的准确性，权衡了世界具有代表性的44个苹果属植物试材在分类学上的地位。董绍珍等（1987，1989）也对苹果属植物的分类系统的准确性进行了检测并提出了植物分类应以野生种

为主，苹果属应该保留新疆野苹果、东方苹果和森林苹果3个种；支持Langenfelds改真苹果组Eumalus Zahd.为苹果组Baceatus Langenf；取消苹果系Pumilae Rehd与山荆子系Ser.Baccatae（Rehd.）Rehd。将山荆子系提为山荆子组Baceatus Jiang；三叶海棠系与滇池海棠系各自种间酶谱相似。但陇东海棠系种间酶谱明显不同，亲缘关系差；意大利海棠酶谱特殊，可以保留Rehder A.定的意大利海棠系三裂叶海棠组过氧化物酶酶谱简单，但染色体又为多倍体（2n=4x=68）不似原始种，尚须研究；锡金海棠与湖北海棠酶谱较为相似，置于山荆子组中比多胜海棠组中较确切。

据前人的研究可知，同工酶在果树种质资源鉴定上做出了很大的贡献，但也存在很大的局限性，原因是同工酶研究受到很多因素的影响。一方面同工酶作为标志受到外界条件的影响，也就是不同器官之间、同一器官的不同发育期之间酶谱，不同的同工酶系在同一器官表现不同。因而同工酶的研究结果受到环境、取材时期和部位等的影响。另一方面同工酶用于系统分析和分类研究存在信息量不足等问题。

### 6. 亲缘关系和遗传多样性的分子标记技术研究

苹果属种质资源亲缘关系和遗传多样性的研究，以往主要从形态学、细胞学、孢粉学、酶学等方面进行的。尽管这些都是遗传本质的表现，但在遗传本质表现的过程中，环境因素的确起了过大的作用。所以，其结果虽然整体上相似，但存在具体的差异性，并且形态学研究过于宏观，所能提供的信息有限细胞学的染色体核型分析及孢粉学的花粉形态的观察，虽然在鉴别种质及探讨其演化方面起到了很好的作用，但它们在演化过程中，具有一定的保守性，同样存在提供信息量不足的问题酶学，虽然能给出一些多态位点，但它是基因表达的产物——蛋白质，仍不能克服人为因素和环境因子的影响。

种质资源的遗传多样性是生命系统的基本特性，是物种适应自然和发生进化的遗传基础，也是育种的重要保证。苹果属种质资源极为丰富，包括大量的野生种和栽培种。在品名记载、分类、命名过程中常出现同物异名、同名异物等现象，形态学受环境影响较大，细胞学研究不够深入、同工酶多态性较低。利用分子标记进行种质资源亲缘关系和遗传多样性的研究，已经证明是一种很有效的方法。

近几年分子标记技术如SSR（Gharghani等，2009）、RAPD（陈曦等，2008）、AFLP（Kenis *et al.*，2005）等已经广泛被用于苹果亲缘关系及遗传多样性方面的研究，分子标记可以为研究植物亲缘关系提供更加丰富的信息（郭翎等，2009）。AFLP（Amplified Fragment Length Polymorphism，扩增片段长度多态性）与其他分子标记相比，分布比较均匀，多态性水平高，是进行植物资源研究的一种较理想的分子标记。王涛等（2001）利用AFLP研究了 20 个苹果砧木间的亲缘关系与遗传差异。Coart等（2003）利用AFLP与SSR分析了原产比利时与德国的野生苹果、栽培苹果、观赏海棠之间的亲缘关系。

分子生物学是当今世界上先进的试验分析手段之一，随着表观学与分子生物学等方法的进一步结合与深入，苹果野生种的分类体系将会更加完善。刘孟军等（1998）对富士与山荆子杂交F1进行了RAPD标记，发现F1符合孟德尔分离规律，并有3种分离方式:不分离、1∶1分离和3∶1分离。高源等（2007）对野生种、地方品种及栽培品种进行了SSR聚类分析，发现地方品种与新疆野苹果的聚类相互交错，认为内地的绵苹果类群与新疆野苹果亲缘较近。张冰冰等（2008）对17个苹果野生种进行了RAPD标记，将其划分为五大类，并认为山楂海棠与陇东海棠亲缘关系较远，应单独分为一类。

Dunemann等（1994）应用分子标记技术对苹果属个野生种间的亲缘关系进行了研究，并构建了相应的聚类分析树状图。Nnadozie（2001）利用RAPD分析苹果属种质资源的遗传多样性及相互关系。王涛等（2001）在构建指纹图谱的基础上，分析了我国及世界苹果生产中20个重要苹果砧木间的遗传差异和亲缘关系；绘制亲缘关系树状图，表明苹果属（*Malus* Mill.）中的两个苹果亚属的砧木被分别聚成了两个大组，即花揪苹果亚属大组（Soebomalus Zabel.）和真正苹果亚属（Eumalus Zabel.）大组；前者包括拥有河南海棠血统的4个砧木，后者M系、MM系矮化砧木自成一个聚类小组。

DNA分子标记的出现，克服了传统分类的缺点和不足，建立在分子水平上的苹果分类体系，提高了分类的准确性。Harada等（1993）对苹果品种'津轻'RAPD分析，并结合RFLP分析，确认其父本正是'红玉'。而'乔纳金'（'金冠'×'红玉'）和'陆奥'（'金冠'×'印度'）是两个三倍体苹果品种，通过RAPD分析，比较扩增谱带，认为提供二倍体配子的均是母本品种'金冠'。王爱德等（2005）利用SSR的方法对苹果25个栽培品种进行了基因组多态性分析，将供试的苹果品种分为4个类群，与传统系谱基本一致。

# 各论

# 五口一窝蜂

*Malus pumila* Mill.'Wukouyiwofeng'

调查编号：YINYLYZH038

所属树种：苹果 *Malus pumila* Mill.

提 供 人：王洪昌
电　　话：15054593036
住　　址：吉林省吉林市船营区田家果园

调 查 人：苑兆和、尹燕雷
电　　话：0538－8334070
单　　位：山东省果树研究所

调查地点：山东省临沂市沂水县崔家峪镇五口村

地理数据：GPS数据（海拔：303.8m，经度：E118°24'15.54"，纬度：N35°5236.36"）

样本类型：枝条、叶片、花、果实

## 生境信息

来源于当地，生于田间的坡地，影响因子主要有耕作；土地利用为人工林，壤土，种植年限为20年，种植面积6.7hm²。

## 植物学信息

### 1. 植株情况

乔木，树势强，树姿开张，树高2.5m，冠幅东西1.5m、南北1.6m，干高0.8m，干周19cm，树皮光滑不裂。枝条密度中等。

### 2. 植物学特征

1年生枝条形状整齐挺直，褐色；嫩梢上茸毛中等，灰色，皮孔中等，平，椭圆形。多年生枝条灰白色，叶芽中等，三角形，贴附，花芽瘦小，尖卵形，紧，少；叶片中等，椭圆形，叶尖渐尖，叶基圆形，叶片绿色，页面光滑有光泽；叶背茸毛中等，叶边锯齿钝，整齐，叶姿平展，叶柄中等；伞房状花序，每花序4朵花，花瓣数目6。花序伞房状排列，每花序花数5朵，花瓣数目5片，花冠中等，平均直径2cm；花瓣粉红色，卵形；花蕾红色；花梗长度中等，平均长1.8cm，有茸毛，灰白；雄蕊13个，花药红色，花粉量少，雌蕊7个，柱头比雄蕊低，开花较叶发育后。

### 3. 果实性状

果实纵径2.8cm，横径3.2cm；平均单果重13g，最大果重16g，整齐，果实椭圆形，红色，条纹长短相间，红色；果面光滑，果粉少，蜡质中等；果点少，小，平；果梗中、细；梗洼（果梗着生处）深、广，萼片着生处浅，萼洼广，隆起；萼片脱落；果肉黄白色，质地细，致密，脆，汁液少，风味酸甜适中，味浓郁，有涩味，微香；品质上等；萼筒圆锥形，与心室连通，心室卵形，无絮状物；横切面心室闭；种子数8粒；最佳食用期9月下旬至10月下旬，可贮90天。

### 4. 生物学习性

萌芽力强，发枝力强，新梢一年平均长35cm，夏、秋梢生长量40cm；开始结果年龄4年，盛果期年龄7～8年；采前落果中等；萌芽期3月中旬，开花期4月上旬，果实采收期9月下旬，落叶期11月中旬。

## 品种评价

高产抗旱，广适性，果实可食用。

植株

花

叶片

花

果实

# 五口小海棠

*Malus prunifolia*（Willd.）
Borkh.'Wukouxiaohaitang'

🔲 调查编号：YINYLYZH039

📋 所属树种：海棠果 *Malus prunifolia*
(Willd.) Borkh.

📄 提 供 人：王洪昌
电　话：15054593036
住　址：吉林省吉林市船营区田家
果园

📑 调 查 人：苑兆和、尹燕雷
电　话：0538－8334070
单　位：山东省果树研究所

📍 调查地点：山东省临沂市沂水县崔家
峪镇五口村

🌐 地理数据：GPS数据（海拔：303.8m，
经度：E118°24'15.54"，纬度：N35°5236.36"）

🖼 样本类型：枝条、叶片

## 🏷 生境信息

来源于当地，生于田间的坡地，影响因子主要有耕作；土地利用为人工林，壤土，种植年限为20年，种植面积$6.7hm^2$。

## 📋 植物学信息

### 1. 植株情况

乔木，树势强，纺锤形，树姿直立；树高2.5m，冠幅东西1.4m、南北1.5m，干高0.9m，干周24cm；主干灰色，枝条中等密度，树皮光滑不裂。

### 2. 植物学特征

1年生枝条形状挺直，褐色；嫩梢上茸毛中等，灰色，皮孔中等，平，椭圆形。多年生枝条灰白色，叶芽大，三角形，中等，贴附；花芽瘦小，尖卵形，紧，少；叶片中等，椭圆形，叶尖渐尖，叶基圆形，叶片绿色，叶面平滑有光泽；叶背茸毛少，叶边锯齿钝，整齐，叶姿平展，叶边平直，先端不扭曲，叶柄中等粗；伞房状花序，每花序花数3～7朵，花瓣数目5片。花序伞房状排列，每花序花数3朵，花瓣数目5片，花冠中等，平均直径2.1cm；花瓣粉红色，卵形；花蕾红色；花梗长度中等，平均长1.4cm，有茸毛，灰白；雄蕊12个，花药红色，花粉量少，雌蕊6个，柱头比雄蕊低，开花较叶发育后。

### 3. 果实性状

果实纵径1.8cm，横径2.2cm；平均单果重10g，最大果重13g，整齐；果实圆形，红色，条纹长短相间，红色；果面光滑，果粉少，蜡质少。果点少，小，平；果梗中、细；梗洼深、广，萼片着生处浅洼，萼洼广，隆起；萼片脱落；果肉黄白色，质地细，致密，脆，汁液少，风味酸甜适中，味浓郁，有涩味，微香；品质上等，果心中等，正形，位于中位；萼筒圆锥形，中等，与心室连通，心室卵形，横切面心室闭；种子数8粒，饱秕比例4∶4；最佳食用期至9月下旬，能贮至11月下旬，共可贮90天。丰产，大小年不显著。

### 4. 生物学习性

萌芽力强，发枝力强，新梢一年平均长45cm，夏、秋梢生长量33cm；开始结果年龄4年，盛果期年龄7～8年；采前落果中等；萌芽期3月中旬，开花期4月上旬，果实采收期9月下旬，落叶期11月中旬。

## 📋 品种评价

高产抗旱，广适性，果实可食用。

植株

叶片

花

果实

# 五口秋风蜜

*Malus pumila* Mill.'Wukouqiufengmi'

🔘 调查编号：YINYLYZH040

📋 所属树种：苹果 *Malus pumila* Mill.

📄 提供人：王洪昌
电　话：15054593036
住　址：吉林省吉林市船营区田家果园

📋 调查人：苑兆和、尹燕雷
电　话：0538－8334070
单　位：山东省果树研究所

📍 调查地点：山东省临沂市沂水县崔家峪镇五口村

🌐 地理数据：GPS数据（海拔：303.8m，经度：E118°24'15.54"，纬度：N35°5236.36"）

🖼 样本类型：枝条、叶片

## 🗂 生境信息

来源于当地，生于田间的坡地，影响因子主要有耕作；土地利用为人工林，壤土，种植年限为20年，种植面积6.7hm²。

## 🗂 植物学信息

### 1. 植株情况

乔木，树势强，纺锤形，树姿直立；树高3m，冠幅东西2.5m、南北2m，干高1m，干周22cm；主干灰色，枝条中等密度，树皮光滑不裂。

### 2. 植物学特征

1年生枝条形状挺直，褐色；嫩梢上茸毛中等，灰色，皮孔中等，平，椭圆形。多年生枝条灰白色，叶芽大，三角形，中等，贴附；花芽瘦小，尖卵形，紧，少；叶片中等，椭圆形，叶尖渐尖，叶基圆形，叶片绿色，叶面平滑有光泽；叶背茸毛少，叶边锯齿钝，整齐，叶姿平展，叶边平直，先端不扭曲，叶柄中等粗。花序伞房状排列，每花序花数5朵，花瓣数目5片，花冠中等，平均直径1.7cm；花瓣粉红色，卵形；花蕾红色；花梗长度中等，平均长1.8cm，有茸毛，灰白；雄蕊13个，花药红色，花粉量少，雌蕊5个，柱头比雄蕊低，开花较叶发育后。

### 3. 果实性状

果实纵径2.3cm，横径2.1cm；平均单果重13g，最大果重15g，整齐；果实圆形，绿色，条纹长短相间，红色；果面光滑，果粉少，蜡质少。果点少，小，平；果梗中、细，近果端膨大呈肉质；梗洼深、广，萼片着生处浅洼，萼洼广，隆起；萼片脱落，形状；果肉黄白色，果肉质地细，致密，脆，汁液少，风味酸甜适中，味浓郁，有涩味，微香；品质上等，果心中等，正形，位于中位；萼筒圆锥形，中等，与心室连通，心室卵形，横切面心室闭；种子数8粒；饱秕比例4∶4；最佳食用期至9月下旬，能贮至11月下旬，共可贮60天。丰产，大小年不显著。

### 4. 生物学习性

萌芽力强，发枝力强，新梢一年平均长45cm，夏、秋梢生长量33cm；开始结果年龄4年，盛果期年龄7~8年；采前落果中等；萌芽期3月中旬，开花期4月上旬，果实采收期9月下旬，落叶期11月中旬。

## 📋 品种评价

高产抗旱，广适性，果实可食用。

植株

花

叶片

果实

# 五口玄包

*Malus pumila* Mill.'Wukouxuanbao'

○ 调查编号：YINYLYZH041

○ 所属树种：苹果 *Malus pumila* Mill.

○ 提 供 人：王洪昌
电　　话：15054593036
住　　址：吉林省吉林市船营区田家
果园

○ 调 查 人：苑兆和、尹燕雷
电　　话：0538－8334070
单　　位：山东省果树研究所

○ 调查地点：山东省临沂市沂水县崔家
峪镇五口村

○ 地理数据：GPS数据（海拔：303.8m，
经度：E118°24'15.54"，纬度：N35°5236.36"）

○ 样本类型：枝条、叶片

## 生境信息

来源于当地，生于田间的坡地，影响因子主要有耕作；土地利用为人工林，壤土，种植年限为20年。

## 植物学信息

### 1. 植株情况

乔木，树势强，纺锤形，树姿直立；树高3m，冠幅东西2.5m、南北2.5m，干高1m，干周25cm；主干灰色，枝条中等密度，树皮光滑不裂。

### 2. 植物学特征

1年生枝条形状挺直，褐色；嫩梢上茸毛中等，灰色，皮孔中等，平，椭圆形。多年生枝灰白色，叶芽大，三角形，中等，贴附；花芽瘦小，尖卵形，紧，少；叶片中等，椭圆形，叶尖渐尖，叶基圆形，叶片绿色，叶面平滑有光泽；叶背茸毛少，叶边锯齿钝，整齐，叶姿平展，叶边平直，先端不扭曲，叶柄中等粗；花序伞房状排列，每花序花数5朵，花瓣数目5片，花冠中等，平均直径1.7cm；花瓣粉红色，卵形；花蕾红色；花梗长度中等，平均长1.5cm，有茸毛，灰白；雄蕊13个，花药红色，花粉量少，雌蕊7个，柱头比雄蕊低，开花较叶发育后。

### 3. 果实性状

果实纵径2.4cm，横径2.0cm；平均单果重12g，最大果重14g，整齐；果实圆形，绿色，条纹长短相间，断，红色；果面光滑，果粉少，蜡质少。果点少，小，平；果梗中、细，近果端膨大呈肉质；梗洼深、广，萼片着生处浅洼，萼洼广，隆起；萼片脱落，形状；果肉黄白色，果肉质地细，致密，脆，汁液少，风味酸甜适中，味浓郁，有涩味，微香；品质上等，果心中等，正形，位于中位；萼筒圆锥形，中等，与心室连通，心室卵形，横切面心室闭；种子数8粒；饱秕比例7：1；最佳食用期至9月下旬，能贮至11月下旬，共可贮60天。丰产，大小年不显著。

### 4. 生物学习性

萌芽力强，发枝力强，新梢一年平均长45cm，夏、秋梢生长量30cm；开始结果年龄4年，盛果期年龄7～8年；采前落果中等；萌芽期3月中旬，开花期4月上旬；果实采收期9月下旬，落叶期11月中旬。

## 品种评价

高产，抗旱，广适性，还可用做砧木，果实可食用。

植株

叶片

花

果实

# 侯家官茶果

*Malus pumila* Mill.'Houjiaguanchaguo'

- 调查编号： YINYLYZH013

- 所属树种： 苹果 *Malus pumila* Mill.

- 提 供 人： 王洪昌
  电　　话： 15054593036
  住　　址： 吉林省吉林市船营区田家
  果园

- 调 查 人： 苑兆和、尹燕雷
  电　　话： 0538－8334070
  单　　位： 山东省果树研究所

- 调查地点： 山东省淄博市沂源县南麻
  镇侯家官庄村

- 地理数据： GPS数据（海拔：313.8m，
  经度：E118°7′39.18″，纬度：N36°8′55.2″）

- 样本类型： 枝条、果实

## 生境信息

来源于当地，采集地为耕地，种植年限10年，现存2株。

## 植物学信息

### 1. 植株情况

树势强，树姿直立，树形自然纺锤形；树高2.8m，冠幅东西1.6m、南北1.4m，干高0.9m，干周20cm；主干褐色；树皮光滑不裂；枝条密。

### 2. 植物学特征

1年生枝条挺直，绿色，无光泽，较短，节间2.8cm，较细，平均0.4cm，嫩梢上茸毛多，灰色；皮孔少，平，近圆形；叶长8.5cm、宽4.3cm，叶椭圆形，叶渐尖，叶基楔形，叶片绿色，叶面平滑，叶背多茸毛；叶边锯齿钝、小、整齐，齿上无针刺，无腺体，叶姿微折，叶边波状；先端扭曲，叶柄平均长2.6cm，相当于叶长的30.5%，细，茸毛多，灰色。萌芽力强，生长势强，新梢一年平均长度44.2cm；花序伞房状排列，每花序花数4朵，花瓣数目5片，花冠中等，平均直径1.8cm；花瓣粉红色，卵形；花蕾红色；花梗长度中等，平均长1.5cm，有茸毛，灰白；雄蕊12个，花药红色，花粉量少，雌蕊6个，柱头比雄蕊低，开花较叶发育后。

### 3. 果实性状

果实纵径2.8cm，横径3.2cm；平均单果重12.89g，最大果重16g，整齐；果实圆形，红色，条纹长短相间，红色；果面光滑；果粉少，无光泽，无棱起，无锈斑，蜡质少。果点少，小，平；果梗中、细，近果端膨大呈肉质；梗洼深、广；锈斑无；萼片着生处浅洼；萼洼广，隆起；萼片脱落；果肉黄白，质地细，致密，脆；汁液少；风味酸甜适中；味浓郁；香气微香；品质上；果心中，正形，位于近萼端中位；萼筒圆锥形，中，与心室连通，心室卵形，无絮状物；横切面心室闭；种子数8粒。

### 4. 生物学习性

萌芽力强，发枝力中等，新梢一年平均长7.5cm，夏、秋梢生长量7.0cm；生长势中等；果台副梢抽生及连续结果能力中等，全树坐果；坐果力强，生理落果少，采前落果少；4年开始结果，7～8年进入盛果期，丰产，大小年不显著，盛果期单株产量30kg，萌芽期3月中旬，开花期4月上旬；果实采收期9月下旬，落叶期11月中旬。

## 品种评价

抗病，广适性，耐贫瘠，果实可食用；主要病虫害种类为锈病。

植株

叶片

花

果实

# 侯家官金秋海棠

*Malus prunifolia*（Willd.）
Borkh.'Houjiaguanjinqiuhaitang'

- **调查编号：** YINYLYZH014

- **所属树种：** 八棱海棠 *Malus prunifolia* (Willd.) Borkh.

- **提 供 人：** 王洪昌
  **电 话：** 15054593036
  **住 址：** 吉林省吉林市船营区田家果园

- **调 查 人：** 苑兆和、尹燕雷
  **电 话：** 0538-8334070
  **单 位：** 山东省果树研究所

- **调查地点：** 山东省淄博市沂源县南麻镇侯家官庄村

- **地理数据：** GPS数据（海拔：313.8m，经度：E118°736.24"，纬度：N36°852.08"）

- **样本类型：** 枝条、果实

## 生境信息

来源于当地，采集地为耕地，种植年限10年，现存2株。

## 植物学信息

### 1. 植株情况

树势强，树姿直立，树形自然纺锤形；树高2.5m，冠幅东西1.4m、南北1.5m，干高1.0cm，干周22cm；主干褐色；树皮光滑不裂；枝条密。

### 2. 植物学特征

1年生枝条挺直，绿色，无光泽，较短，节间2.6cm，较细，平均0.2cm，嫩梢上茸毛多，灰色；皮孔少，平，近圆形；叶片长8.3cm，宽4.5cm，叶椭圆形，叶渐尖，叶基楔形，叶色绿，叶面平滑，叶背多茸毛；叶边锯齿钝、小、整齐，齿上无针刺，无腺体，叶姿微折，叶边波状；先端扭曲，叶柄平均长2.4cm，相当于叶长的28.51%，细，茸毛多，灰色。萌芽力强，生长势强，新梢一年平均长度44.2cm。花序伞房状排列，每花序花数5朵，花瓣数目5片，花冠中等，平均直径1.6cm；花瓣粉红色，卵形；花蕾红色；花梗长度中等，平均长1.5cm，有茸毛，灰白；雄蕊13个，花药红色，花粉量少，雌蕊6个，柱头比雄蕊低，开花较叶发育后。

### 3. 果实性状

果实纵径2.6cm，横径3.0cm；平均单果重12.89g，最大果重16g，整齐；果实圆形，红色，条纹长短相间，红色；果面光滑；果粉少，无光泽，无棱起，无锈斑，蜡质少。果点少，小，平；果梗中、细，近果端膨大呈肉质；梗洼深、广；锈斑无；萼片着生处浅洼；萼洼广、隆起；萼片脱落；果肉黄白色，质地细，致密，脆；汁液少；风味酸甜适中；味浓郁；香气微香；品质上；果心中，正形，位于近萼端中位；萼筒圆锥形，中，与心室连通，心室卵形，无絮状物；横切面心室闭；种子数8粒。

### 4. 生物学习性

萌芽力强，发枝力中等，新梢一年平均长8.5cm，夏、秋梢生长量7.0cm；生长势中等；果台副梢抽生及连续结果能力中等，全树坐果；坐果力强，生理落果少，采前落果少；4年开始结果，7~8年进入盛果期，丰产，大小年不显著，盛果期单株产量28kg，萌芽期3月中旬，开花期4月上旬；果实采收期9月下旬，落叶期11月中旬。

## 品种评价

抗病，广适性，耐贫瘠，果实可食用；主要病虫害种类为锈病。

植株

叶片

花

果实

# 侯家官沂蒙海棠

*Malus prunifolia*（Willd.）Borkh.'Houjiaguanyimenghaitang'

调查编号： YINYLYZH015

所属树种： 八棱海棠 *Malus prunifolia* (Willd.) Borkh.

提 供 人： 王洪昌
电　　话： 15054593036
住　　址： 吉林省吉林市船营区田家果园

调 查 人： 苑兆和、尹燕雷
电　　话： 0538-8334070
单　　位： 山东省果树研究所

调查地点： 山东省淄博市沂源县南麻镇侯家官庄村

地理数据： GPS数据（海拔：313.8m，经度：E118°737.14"，纬度：N36°851.84"）

样本类型： 枝条、果实

## 生境信息

来源于当地，采集地为耕地，种植年限10年，现存2株。

## 植物学信息

### 1. 植株情况

树势强，树姿直立，树形自然纺锤形；树高2.4m，冠幅东西1.8m、南北1.5m，干高1.8m，干周60cm；主干褐色；树皮光滑不裂；枝条密。

### 2. 植物学特征

1年生枝条挺直，红色，无光泽，较短，节间3.4cm，较细，平均0.3cm，嫩梢上茸毛多，灰色；皮孔少，平，近圆形；叶片长10.2cm、宽5.4cm，叶椭圆形，叶渐尖，叶基楔形，叶片绿色，叶面平滑，叶背多茸毛；叶边锯齿钝、小、整齐，齿上无针刺，无腺体，叶姿微折，叶边波状；先端扭曲，叶柄平均长2.6cm，细，茸毛多，灰色。萌芽力强，生长势强，新梢一年平均长度56.2cm。花序伞房状排列，每花序花数5朵，花瓣数目5片，花冠中等，平均直径1.9cm；花瓣粉红色，卵形；花蕾红色；花梗长度中等，平均长1.5m，有茸毛，灰白；雄蕊13个，花药红色，花粉量少，雌蕊5个，柱头比雄蕊低，开花较叶发育后。

### 3. 果实性状

果实纵径4.0cm，横径3.4cm；平均单果重25g，最大果重30g，整齐；果实圆形，绿色，条纹长短相间，红色；果面光滑；果粉少，无光泽，无棱起，无锈斑，蜡质少；果点少，小，平；果梗中、细，近果端膨大呈肉质；梗洼深、广；锈斑无；萼片着生处浅洼；萼洼广、隆起；萼片脱落；果肉黄白色，质地细，致密，脆；汁液少；风味酸甜适中；味浓郁；香气微香；品质上；果心中，正形，位于近萼端中位；萼筒圆锥形，中，与心室连通，心室卵形，无絮状物；横切面心室闭；种子数8粒。

### 4. 生物学习性

萌芽力强，发枝力中等，新梢一年平均长7.5cm，夏、秋梢生长量8.0cm；生长势中等；果台副梢抽生及连续结果能力中等，全树坐果；坐果力强，生理落果少，采前落果少；4年开始结果，7~8年进入盛果期，丰产，大小年不显著，盛果期单株产量32.5kg，萌芽期3月中旬，开花期4月上旬；果实采收期9月下旬，落叶期11月中旬。

## 品种评价

抗病，广适性，耐贫瘠，果实可食用；主要病虫害种类为锈病。

植株

花

叶片

幼果

果实

# 南营茶果 2 号

*Malus pumila* Mill.'Nanyingchaguo 2'

**调查编号：** YINYLYZH016

**所属树种：** 苹果 *Malus pumila* Mill.

**提 供 人：** 王洪昌
**电 话：** 15054593036
**住 址：** 吉林省吉林市船营区田家果园

**调 查 人：** 苑兆和、尹燕雷
**电 话：** 0538 – 8334070
**单 位：** 山东省果树研究所

**调查地点：** 山东省淄博市沂源县悦庄镇南营村

**地理数据：** GPS数据（海拔：313.8m，经度：E118°14'44.22"，纬度：N36°13'23.28"）

**样本类型：** 枝条、果实

## 生境信息

来源于当地，采集地为耕地，种植年限10年，现存10株。

## 植物学信息

### 1. 植株情况

树势强，树姿直立，树形自然纺锤形；树高2.6m，冠幅东西4.3m、南北3.5m，干高0.8m，干周100cm；主干褐色；树皮光滑不裂；枝条密。

### 2. 植物学特征

1年生枝条挺直，红色，无光泽，较短，节间2.9cm，较细，平均0.3cm，嫩梢上茸毛多，灰色；皮孔少，平，近圆形；叶片长8.9cm、宽5.6cm，叶椭圆形，叶渐尖，叶基楔形，叶片绿色，叶面平滑，叶背多茸毛；叶边锯齿钝、小、整齐，齿上无针刺，无腺体，叶姿微折，叶边波状；先端扭曲，叶柄平均长2.6cm，细，茸毛多，灰色。萌芽力强，生长势强，新梢一年平均长度31.2cm。花序伞房状排列，每花序花数5朵，花瓣数目5片，花冠中等，平均直径1.8cm；花瓣粉红色，卵形；花蕾红色；花梗长度中等，平均长1.5cm，有茸毛，灰白；雄蕊12个，花药红色，花粉量少，雌蕊6个，柱头比雄蕊低，开花较叶发育后。

### 3. 果实性状

果实纵径2.5cm，横径1.6cm；平均单果重9g，最大果重15g，整齐；果实圆形，绿色，条纹长短相间，红色；果面光滑；果粉少，无光泽，无棱起，无锈斑，蜡质少；果点少，小，平；果梗中、细，近果端膨大呈肉质；梗洼深、广；锈斑无；萼片着生处浅洼；萼洼广、隆起；萼片脱落；果肉黄白色，质地细，致密，脆；汁液少；风味酸甜适中；味浓郁；香气微香；品质上；果心中，正形，位于近萼端中位；萼筒圆锥形，中，与心室连通，心室卵形，无絮状物；横切面心室闭；种子数10粒。

### 4. 生物学习性

萌芽力强，发枝力强，新梢一年平均长13.5cm，夏、秋梢生长量12.0cm；生长势中等；果台副梢抽生及连续结果能力中等，全树坐果；坐果力强，生理落果少，采前落果少；4年开始结果，7～8年进入盛果期，丰产，大小年不显著，盛果期单株产量30kg，萌芽期3月中旬，开花期4月上旬；果实采收期9月下旬，落叶期11月中旬。

## 品种评价

抗病，广适性，耐贫瘠，果实可食用；对寒、旱、涝、瘠、盐、风、日灼等恶劣环境的抵抗能力强。

植株

叶片

花

果实

# 五口歪把子

*Malus pumila* Mill.'Wukouwaibazi'

調查編号： YINYLYZH086

所属树种： 苹果 *Malus pumila* Mill.

提 供 人： 张德刚
电　　话： 13854972245
住　　址： 山东省临沂市沂水县东方
巴黎城

调 查 人： 苑兆和、尹燕雷
电　　话： 0538－8334070
单　　位： 山东省果树研究所

调查地点： 山东省临沂市沂水县崔家
峪镇五口村

地理数据： GPS数据（海拔：283.8m，
经度：E118°24'15.54"，纬度：N35°52'36.36"）

样本类型： 枝条、果实

## 生境信息

来源于当地，采集地为耕地，种植年限20年，种植面积为6.7hm²。

## 植物学信息

### 1. 植株情况

树势强，树姿开张，树高2.5m，冠幅东西1.5m、南北1.6m，干高0.8m，干周19cm，树皮光滑不裂。枝条密度中等。

### 2. 植物学特征

1年生枝条褐色，中等长度，嫩梢上有茸毛，灰色，皮孔平，椭圆形；叶椭圆形，绿色，叶面光滑，有光泽，叶边锯齿钝，整齐；伞房状花序，每花序3～7朵花，花瓣数5片。生长势、萌芽力和发枝力强。花序伞房状排列，每花序花数3朵，花瓣数目5片，花冠中等，平均直径1.9cm；花瓣粉红色，卵形；花蕾红色；花梗长度中等，平均长1.4cm，有茸毛，灰白；雄蕊13个，花药红色，花粉量少，雌蕊5个，柱头比雄蕊低，开花较叶发育后。

### 3. 果实性状

果实纵径2.8cm，横径3.2cm；平均单果重13g，最大果重16g，果实大小较整齐；果柄处一侧有凸起使果柄偏向一侧，底色绿，有红色条纹，长短相间；果面光滑，果粉少，无棱起；果肉黄白色，致密，脆；风味酸甜适口，浓郁，有涩味，品质上等。萼筒圆锥形，与心室连通，心室卵形，无絮状物；横切面心室闭，种子数8粒。最佳食用期9月下旬至10月下旬，可贮60天。

### 4. 生物学习性

萌芽力强，发枝力中等，新梢一年平均长7.5cm，夏、秋梢生长量8.5cm；生长势中等；开始结果年龄5年，盛果期年龄10年；长果枝30%，中果枝40%，短果枝75%，腋花芽结果80%；果台副梢抽生及连续结果能力中等，全树坐果；坐果力强，生理落果少，采前落果少；产量中等，大小年显著，单株平均产量（盛果期）32.5kg；萌芽期4月中旬，开花期5月中上旬；果实采收期9月下旬，落叶期10月下旬。

## 品种评价

抗病，广适性，耐贫瘠，果实可食用；主要病虫害种类为锈病；对寒、旱、涝、瘠、盐、风、日灼等恶劣环境的抵抗能力强，修剪反应不敏感，对土壤、地势、栽培条件的要求低。

植株

花

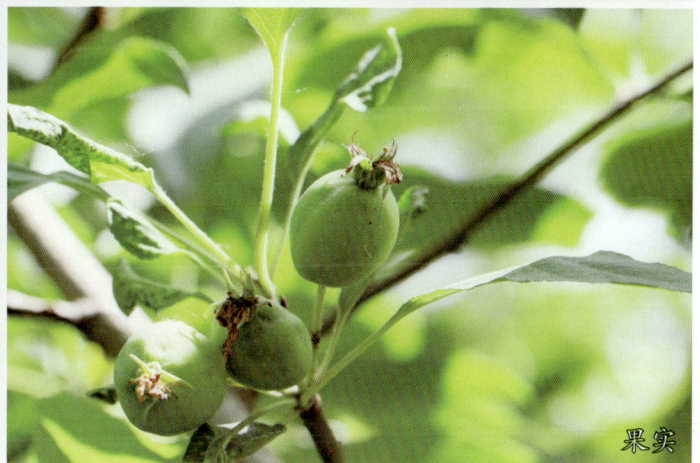

叶片

果实

# 鲁村沙果

*Malus pumila* Mill.'Lucunshaguo'

調 查 編 号： YINYLYZH087

所属树种： 苹果 *Malus pumila* Mill.

提 供 人： 张德刚
电　　话： 13854972245
住　　址： 山东省临沂市沂水县东方
　　　　　巴黎城

调 查 人： 苑兆和、尹燕雷
电　　话： 0538－8334070
单　　位： 山东省果树研究所

调查地点： 山东省临沂市沂水县崔家
　　　　　峪镇五口村

地理数据： GPS数据（海拔：283.8m，
　　　　　经度：E118°24′15.54″，纬度：N35°52′36.36″）

样本类型： 枝条、果实

## 生境信息

来源于当地，采集地为耕地，种植年限20年，种植面积为6.7hm²。

## 植物学信息

### 1. 植株情况

树势强，树姿开张，树高2.5m，冠幅东西1.4m、南北1.5m，干高0.9m，干周24cm，树皮光滑不裂。枝条密度中等。

### 2. 植物学特征

1年生枝条褐色，中等长度，嫩梢上有茸毛，灰色，皮孔平，椭圆形；叶椭圆形，绿色，叶面光滑，有光泽，叶边锯齿钝，整齐；伞房状花序，每花序3～7朵花，花瓣数5片。生长势、萌芽力和发枝力强。花序伞房状排列，每花序花数5朵，花瓣数目5片，花冠中等，平均直径1.9cm；花瓣粉红色，卵形；花蕾红色；花梗长度中等，平均长1.3cm，有茸毛，灰白；雄蕊13个，花药红色，花粉量少，雌蕊6个，柱头比雄蕊低，开花较叶发育后。

### 3. 果实性状

果实纵径1.8cm，横径2.2cm；平均单果重10g，最大果重13g，大小整齐；果实圆形，底色绿，有红色条纹，长短相间；果面光滑，果粉少，无棱起；果肉黄白色，致密，脆；风味酸甜适口，浓郁，有涩味，品质上等；萼筒圆锥形，与心室连通，心室卵形，无絮状物；横切面心室闭；种子数8粒；最佳食用期9月下旬至11月下旬，可贮60天。

### 4. 生物学习性

萌芽力强，发枝力强，新梢一年平均长12.5cm，夏、秋梢生长量10.0cm；生长势中等；开始结果年龄5年，盛果期年龄10年；长果枝30%，中果枝40%，短果枝75%，腋花芽结果80%；果台副梢抽生及连续结果能力中等，全树坐果；坐果力强，生理落果少，采前落果少；产量中等，大小年显著，单株平均产量（盛果期）525kg；萌芽期4月中旬，开花期5月中上旬；果实采收期9月下旬，落叶期10月下旬。

## 品种评价

抗病，广适性，耐贫瘠，果实可食用；主要病虫害种类为锈病；对寒、旱、涝、瘠、盐、风、日灼等恶劣环境的抵抗能力强，修剪反应不敏感，对土壤、地势、栽培条件的要求低。

植株

花

叶片

果实

# 五口高桩海棠

*Malus pumila* Mill.'Wukougaozhuanghaitang'

调查编号： YINYLYZH088

所属树种： 苹果 *Malus pumila* Mill.

提 供 人： 张德刚
电　　话： 13854972245
住　　址： 山东省临沂市沂水县东方
　　　　　 巴黎城

调 查 人： 苑兆和、尹燕雷
电　　话： 0538 – 8334070
单　　位： 山东省果树研究所

调查地点： 山东省临沂市沂水县崔家
　　　　　 峪镇五口村

地理数据： GPS数据（海拔：283.8m，
　　　　　 经度：E118°24'15.54"，纬度：N35°5236.36"）

样本类型： 枝条、叶片、花、果实

## 生境信息

来源于当地，采集地为耕地，种植年限20年，种植面积为6.7hm$^2$。

## 植物学信息

### 1.植株情况

树势强，树姿开张，树高3.0m，冠幅东西2.5m、南北2m，干高1.0m，干周22cm，树皮光滑不裂。枝条密度中等。

### 2.植物学特征

1年生枝条褐色，中等长度，嫩梢上有茸毛，灰色，皮孔平，椭圆形；叶椭圆形，绿色，叶面光滑，有光泽，叶边锯齿钝，整齐；伞房状花序，每花序3～7朵花，花瓣数5片。生长势、萌芽力和发枝力强。花序伞房状排列，每花序花数4朵，花瓣数目5片，花冠中等，平均直径1.6cm；花瓣粉红色，卵形；花蕾红色；花梗长度中等，平均长1.4cm，有茸毛，灰白；雄蕊13个，花药红色，花粉量少，雌蕊6个，柱头比雄蕊低，开花较叶发育后。

### 3.果实性状

果实纵径2.3cm，横径2.1cm；平均单果重13g，最大果重15g，大小整齐；果实圆形，底色绿，有红色条纹，长短相间；果面光滑，果粉少，无棱起；果肉黄白色，致密，脆，风味酸涩；萼筒圆锥形，与心室连通，心室卵形，无絮状物；横切面心室闭；种子数8粒；最佳食用期9月下旬至11月下旬，可贮60天。

### 4.生物学习性

萌芽力强，发枝力强，新梢一年平均长11.5cm，夏、秋梢生长量11.0cm；生长势中等；开始结果年龄5年，盛果期年龄10年；长果枝30%，中果枝40%，短果枝75%，腋花芽结果80%；果台副梢抽生及连续结果能力中等，全树坐果；坐果力强，生理落果少，采前落果少；产量中等，大小年显著，单株平均产量（盛果期）32.5kg；萌芽期4月中旬，开花期5月中上旬；果实采收期9月下旬，落叶期10月下旬。

## 品种评价

抗病，广适性，耐贫瘠，果实可食用；主要病虫害种类为锈病；对寒、旱、涝、瘠、盐、风、日灼等恶劣环境的抵抗能力强，修剪反应不敏感，对土壤、地势、栽培条件的要求低。

植株

叶片

幼叶片

花

果实

芽

# 五口大沙果

*Malus pumila* Mill.'Wukoudashaguo'

- 调查编号：YINYLYZH089

- 所属树种：苹果 *Malus pumila* Mill.

- 提 供 人：张德刚
  电　　话：13854972245
  住　　址：山东省临沂市沂水县东方
  巴黎城

- 调 查 人：苑兆和、尹燕雷
  电　　话：0538－8334070
  单　　位：山东省果树研究所

- 调查地点：山东省临沂市沂水县崔家
  峪镇五口村

- 地理数据：GPS数据（海拔：283.8m，
  经度：E118°24'15.54"，纬度：N35°52'36.36"）

- 样本类型：枝条、叶片、花、果实

## 生境信息

来源于当地，采集地为耕地，种植年限20年，种植面积为6.7hm²。

## 植物学信息

### 1. 植株情况

树势强，树姿开张，树高3.0m，冠幅东西2.5m、南北2.5m，干高1.0m，干周25cm，树皮光滑不裂。枝条密度中等。

### 2. 植物学特征

1年生枝条褐色，中等长度，嫩梢上有茸毛，灰色，皮孔平，椭圆形；叶椭圆形，绿色，叶面光滑，有光泽，叶边锯齿钝，整齐；伞房状花序，每花序3~7朵花，花瓣数5片。生长势、萌芽力和发枝力强。花序伞房状排列，每花序花数4朵，花瓣数目5片，花冠中等，平均直径1.8cm；花瓣粉红色，卵形；花蕾红色；花梗长度中等，平均长1.5cm，有茸毛，灰白；雄蕊14个，花药红色，花粉量少，雌蕊6个，柱头比雄蕊低，开花较叶发育后。

### 3. 果实性状

果实纵径2.4cm，横径2.0cm；平均单果重12g，最大果重14g，大小整齐；果实圆形，底色绿，有红色条纹，长短相间；果面光滑，果粉少，无棱起；果肉黄白色，致密，脆；风味酸甜适口，浓郁，有涩味，品质上等；萼筒圆锥形，与心室连通，心室卵形，无絮状物；横切面心室闭；种子数8粒；最佳食用期9月下旬至11月下旬，可贮60天。

### 4. 生物学习性

萌芽力强，发枝力强，新梢一年平均长12.0cm，夏、秋梢生长量10.5cm；生长势中等；开始结果年龄5年，盛果期年龄10年；长果枝30%，中果枝40%，短果枝75%，腋花芽结果80%；果台副梢抽生及连续结果能力中等，全树坐果；坐果力强，生理落果少，采前落果少；产量中等，大小年显著，单株平均产量（盛果期）20kg；萌芽期4月中旬，开花期5月中上旬；果实采收期9月下旬，落叶期10月下旬。

## 品种评价

抗病，广适性，耐贫瘠，果实可食用；主要病虫害种类为锈病；对寒、旱、涝、瘠、盐、风、日灼等恶劣环境的抵抗能力强，修剪反应不敏感，对土壤、地势、栽培条件的要求低。

植株

花

叶片

果实

# 五口难咽

*Malus pumila* Mill.'Wukounanyan'

- 调查编号：YINYLYZH090

- 所属树种：苹果 *Malus pumila* Mill.

- 提供人：张德刚
  电　话：13854972245
  住　址：山东省临沂市沂水县东方
  　　　　巴黎城

- 调查人：苑兆和、尹燕雷
  电　话：0538 - 8334070
  单　位：山东省果树研究所

- 调查地点：山东省临沂市沂水县崔家
  　　　　峪镇五口村

- 地理数据：GPS数据（海拔：283.8m，
  经度：E118°24'15.54"，纬度：N35°52'36.36"）

- 样本类型：枝条、叶片、花、果实

## 生境信息

来源于当地，采集地为耕地，种植年限21年，种植面积为6.73hm²。

## 植物学信息

### 1. 植株情况

树势强，树姿开张，树高3.0m，冠幅东西2.5m、南北2.5m，干高1.0m，干周26cm，树皮光滑不裂。枝条密度中等。

### 2. 植物学特征

1年生枝条褐色，中等长度，嫩梢上有茸毛，灰色，皮孔平，椭圆形；叶椭圆形，绿色，叶面光滑，有光泽，叶边锯齿钝，整齐；伞房状花序，每花序3～7朵花，花瓣数5片。生长势、萌芽力和发枝力强。花序伞房状排列，每花序花数3朵，花瓣数目5片，花冠中等，平均直径1.5cm；花瓣粉红色，卵形；花蕾红色；花梗长度中等，平均长1.7cm，有茸毛，灰白；雄蕊13个，花药红色，花粉量少，雌蕊6个，柱头比雄蕊低，开花较叶发育后。

### 3. 果实性状

果实纵径2.3cm，横径1.9cm；平均单果重11g，最大果重13g，大小整齐；果实圆形，底色绿，有红色条纹，长短相间；果面光滑，果粉少，无棱起；果肉黄白色，致密，风味酸涩；萼筒圆锥形，与心室连通，心室卵形，无絮状物；横切面心室闭；种子数8粒。

### 4. 生物学习性

萌芽力强，发枝力中等，新梢一年平均长8.0cm，夏、秋梢生长量8.5cm；生长势中等；开始结果年龄5年，盛果期年龄10年；长果枝30%，中果枝40%，短果枝75%，腋花芽结果80%；果台副梢抽生及连续结果能力中等，全树坐果；坐果力强，生理落果少，采前落果少；产量中等，大小年显著，单株平均产量（盛果期）20kg；萌芽期4月中旬，开花期5月中上旬；果实采收期9月下旬，落叶期10月下旬。

## 品种评价

抗病，广适性，耐贫瘠，果实可食用；主要病虫害种类为锈病；对寒、旱、涝、瘠、盐、风、日灼等恶劣环境的抵抗能力强，修剪反应不敏感，对土壤、地势、栽培条件的要求低。

植株

花

叶片

果实

# 五口腰杆子

*Malus pumila* Mill.'Wukouyaoganzi'

调查编号：YINYLYZH091

所属树种：苹果 *Malus pumila* Mill.

提供人：张德刚
电　话：13854972245
住　址：山东省临沂市沂水县东方巴黎城

调查人：苑兆和、尹燕雷
电　话：0538－8334070
单　位：山东省果树研究所

调查地点：山东省临沂市沂水县崔家峪镇五口村

地理数据：GPS数据（海拔：283.8m，经度：E118°22.4'15.54"，纬度：N35°52'36.36"）

样本类型：枝叶、花、果实

## 生境信息

来源于当地，采集地为耕地，影响因子主要有砍伐；土地利用为人工林，砂壤土。土壤pH6.9，种植年限22年，种植面积为6.8hm²。

## 植物学信息

### 1. 植株情况

树势强，树姿开张，树高2.9m，冠幅东西2.6m、南北2.5m，干高1.0m，干周27cm，树皮光滑不裂。枝条中等密。

### 2. 植物学特征

1年生枝条褐色，中等长度，嫩梢上有茸毛，灰色，皮孔平，椭圆形；叶椭圆形，绿色，叶面光滑，有光泽，叶边锯齿钝，整齐；伞房状花序，每花序3～7朵花，花瓣数5片。花冠中等，平均直径2.5cm；花瓣粉白色，卵形；花蕾淡红色；花梗长度中等，平均长1.5cm，有茸毛，灰白；雄蕊11个，花药浅黄色，花粉量少，雌蕊6个，柱头比雄蕊低，开花较叶发育后。花序伞房状排列，每花序花数5朵，花瓣数目5片，花冠中等，平均直径1.8cm；花瓣粉红色，卵形；花蕾红色；花梗长度中等，平均长1.8cm，有茸毛，灰白；雄蕊13个，花药红色，花粉量少，雌蕊6个，柱头比雄蕊低，开花较叶发育后。

### 3. 果实性状

果实纵径2.5cm，横径2.0cm；平均单果重13g，最大果重14g，大小整齐；果实圆形，底色绿，有红色条纹，长短相间；果面光滑，果粉少，无棱起；果肉黄白色，致密，脆；风味酸甜适口，浓郁，有涩味，品质上等；萼筒圆锥形，与心室连通，心室卵形，无絮状物；横切面心室闭；种子数8粒；最佳食用期9月下旬至11月下旬，可贮62天。

### 4. 生物学习性

萌芽力强，发枝力强，新梢一年平均长11.0cm，夏、秋梢生长量9.5cm；生长势中等；开始结果年龄5年，盛果期年龄10年；长果枝30%，中果枝40%，短果枝75%，腋花芽结果80%；果台副梢抽生及连续结果能力中等，全树坐果；坐果力强，生理落果少，采前落果少；产量中等，大小年显著，单株平均产量（盛果期）20kg；萌芽期4月中旬，开花期5月中上旬；果实采收期9月下旬，落叶期10月下旬。

## 品种评价

抗病，广适性，耐贫瘠，果实可食用；主要病虫害种类为锈病；对寒、旱、涝、瘠、盐、风、日灼等恶劣环境的抵抗能力强，修剪反应不敏感，对土壤、地势、栽培条件的要求低。

植株

叶片

花

果实

# 热光红苹果

*Malus pumila* Mill.'Reguanghongpingguo'

- 调查编号：FANGJGZQJ061

- 所属树种：苹果 *Malus pumila* Mill.

- 提 供 人：陈亮
  电　　话：15283030001
  住　　址：四川省泸州市江阳区农林局

- 调 查 人：张全军、钟必凤、李洪雯
  电　　话：13880343656
  单　　位：四川省农业科学院园艺研究所

- 调查地点：四川省甘孜藏族自治州稻城县香格里拉镇热光村

- 地理数据：GPS数据（海拔：2984m，经度：E100°20'28.69"，纬度：N28°34'35.82"）

- 样本类型：叶片、枝条、果实

## 生境信息

生于坡度为30°的坡地，坡向东南，伴生植物为禾本科杂草，影响因子主要有砍伐；土地利用为人工林，砂壤土。土壤pH6.9，现存面积为30hm$^2$。

## 植物学信息

### 1. 植株情况

繁殖方法为无性繁殖，树势强，树姿开张，树形圆形。乔木，树高1.9m，冠幅东西3.5m、南北2.0m，干高25.0cm，干周30.0cm；主干灰色，树皮光滑不裂，枝条密。

### 2. 植物学特征

1年生枝条挺直，褐色，平均节间长度1.5cm，平均粗0.40cm，嫩梢上茸毛多，灰色，皮孔中等、凸，近圆形；成熟枝条灰褐色；叶芽三角形，茸毛中等，贴附；花芽瘦小，尖卵形，鳞片紧，茸毛中等；成龄叶中等，平均长5.0cm，宽2.1cm；叶片圆形，叶尖渐尖，叶基圆形，叶片浓绿色，叶面光滑，有光泽，叶背茸毛多，叶片锯齿钝，粗、大，齿上无针刺，无腺体；叶姿微折，叶边波状，先端扭曲，与枝条所成角度锐角；叶柄平均长0.40cm，叶柄粗度中等，茸毛中等。

花序总状排列，每花序花数5朵，花瓣数目5片，花冠中等，平均直径2.0cm；花瓣粉白色，卵形；花蕾红色；花梗长度中等，平均长1.5cm，有茸毛，灰白；雄蕊11个，花药浅黄色，花粉量少，雌蕊6个，柱头比雄蕊低，开花较叶发育后。

### 3. 果实性状

果实纵径5.2cm，横径5.6cm；平均单果重110g，最大果重135g，整齐；果实扁圆形，红色，条纹短，红色；果面光滑，果粉少，有光泽，无棱起，斑状锈斑；蜡质少，果点中、凸；果梗中，近果端膨大呈肉质，梗洼较深，有锈斑，片状；萼片着生处浅洼，萼洼广，皱状，萼片宿存；果肉乳白色，质地粗，致密，汁液少；风味微酸，味淡，有涩味，品质中等；果心中等；不正形，近萼端；萼筒壶形，小，与心室连通；心室心形，横切面心室半开；种子数6粒；饱秕5∶1。

### 4. 生物学习性

萌芽力强，发枝力中等，新梢一年平均长10.2cm，夏、秋梢生长量9.7cm；生长势一般；产量中等，大小不显著，单株平均产量（盛果期）18kg；萌芽期4月中旬，开花期5月下旬；果实采收期9月中旬，落叶期10月下旬。

## 品种评价

抗病，广适性，果实可食用；主要病虫害种类为锈病；对寒、旱、涝、瘠、盐、风、日灼等恶劣环境的抵抗能力强，修剪反应不敏感，对土壤、地势、栽培条件的要求低。

植株

叶片

花

果实

# 寨子青苹果

*Malus pumila* Mill.'Zhaiziqingpingguo'

调查编号：FANGJGZQJ062

所属树种：苹果 *Malus pumila* Mill.

提供人：陈亮
电　话：15283030001
住　址：四川省泸州市江阳区农林局

调查人：张全军、钟必凤、李洪雯
电　话：13880343656
单　位：四川省农业科学院园艺研究所

调查地点：四川省凉山彝族自治州金阳县寨子乡

地理数据：GPS数据（海拔：2984m，经度：E103°9'48.26"，纬度：N27°38'44.47"）

样本类型：叶片、枝条、果实

## 生境信息

生于坡度为30°的坡地，坡向东南，伴生植物为禾本科杂草，影响因子主要有砍伐；土地利用为人工林，砂壤土。土壤pH6.9，现存面积为11.6hm$^2$。

## 植物学信息

### 1. 植株情况

繁殖方法为无性繁殖，树势强，树姿开张，树形圆形。乔木，树高2.1m，冠幅东西2.5m、南北3.0m，干高20.0cm，干周25.0cm；主干灰色，树皮光滑不裂，枝条密。

### 2. 植物学特征

1年生枝条挺直，褐色，平均节间长度1.3cm，平均粗0.45cm，嫩梢上茸毛多，灰色，皮孔中等、凸，近圆形；成熟枝条灰褐色；叶芽三角形，茸毛中等，贴附；花芽瘦小，尖卵形，鳞片紧，茸毛中等；成龄叶中等，平均长6.0cm、宽3.0cm；叶片圆形，叶尖渐尖，叶基圆形，叶片浓绿色，叶面光滑，有光泽，叶背茸毛多，叶片锯齿钝，粗、大，齿上无针刺，无腺体；叶姿微折，叶边波状，先端扭曲，与枝条所成角度锐角；叶柄平均长0.50cm，叶柄粗度中等，茸毛中等，颜色微红。

花序总状排列，每花序花数5朵，花瓣数目5片，花冠中等，平均直径2.0cm；花瓣粉红色，卵形；花蕾红色；花梗长度中等，平均长1.5cm，有茸毛，灰白；雄蕊13个，花药浅黄色，花粉量少，雌蕊6个，柱头比雄蕊低，开花较叶发育后。

### 3. 果实性状

果实纵径5.5cm，横径6.3cm；平均单果重110g，最大果重140g，整齐；果实扁圆形，绿色，条纹短，红色；果面光滑，果粉少，有光泽，无棱起，斑状锈斑；蜡质少，果点中、凸；果梗中，近果端膨大呈肉质，梗洼较深，有锈斑，片状；萼片着生处浅洼，萼洼广，皱状，萼片宿存；果肉乳白色，质地粗、致密，汁液少；风味微酸，味淡，有涩味；品质中等，果心中等，不正形，近萼端；萼筒壶形，小，与心室连通；心室心形，横切面心室半开；种子数6粒；饱秕5：1。

### 4. 生物学习性

萌芽力强，发枝力中等，新梢一年平均长9.9cm，夏、秋梢生长量9.8cm；生长势一般；产量中等，大小显著，单株平均产量（盛果期）16kg；萌芽期4月下旬，开花期5月中旬；果实采收期9月下旬，落叶期10月下旬。

## 品种评价

抗病，广适性，耐贫瘠，果实可食用；对寒、旱、涝、瘠、盐、风、日灼等恶劣环境的抵抗能力强。

叶片

植株

花

果实

# 茨巫东苹果

*Malus pumila* Mill.'Ciwudongpingguo'

- 调查编号：FANGJGZQJ063

- 所属树种：苹果 *Malus pumila* Mill.

- 提 供 人：陈亮
  电　　话：15283030001
  住　　址：四川省泸州市江阳区农林局

- 调 查 人：张全军、钟必凤、李洪雯
  电　　话：13880343656
  单　　位：四川省农业科学院园艺研究所

- 调查地点：四川省甘孜藏族自治州得荣县茨巫乡

- 地理数据：GPS数据（海拔：2940m，经度：E99°22'34.51"，纬度：N29°2'48.48"）

- 样本类型：叶片、枝条、果实

## 生境信息

生于坡度为30°的坡地，坡向东南，伴生植物为禾本科杂草，影响因子主要有砍伐；土地利用为耕地，人工林；砂壤土。土壤pH6.9，现存面积为5.8hm²。

## 植物学信息

### 1. 植株情况

繁殖方法为无性繁殖，树势强，树姿开张，树形圆形。乔木，树高1.7m，冠幅东西3.0m、南北2.0m，干高20.0cm，干周30.0cm；主干灰色，树皮光滑不裂，枝条密。

### 2. 植物学特征

1年生枝条挺直，褐色，平均节间长度1.4cm，平均粗0.40cm，嫩梢上茸毛多，灰色，皮孔中等、凸、近圆形；成熟枝条灰褐色；叶芽三角形，茸毛中等，贴附；花芽瘦小，尖卵形，鳞片紧，茸毛中等；成龄叶中等，平均长5.5cm、宽2.5cm；叶片圆形，叶尖渐尖，叶基圆形，叶片浓绿色，叶面光滑，有光泽，叶背茸毛多，叶片锯齿钝，粗、大，齿上无针刺，无腺体；叶姿微折，叶边波状，先端扭曲，与枝条所成角度锐角；叶柄平均长0.50cm，叶柄粗度中等，茸毛中等。

花序总状排列，每花序花数5朵，花瓣数目5片，花冠中等，平均直径2.0cm；花瓣粉红色，卵形；花蕾红色；花梗长度中等，平均长1.5cm，有茸毛，灰白；雄蕊13个，花药浅黄色，花粉量少，雌蕊6个，柱头比雄蕊低，开花较叶发育后。

### 3. 果实性状

果实纵径5.5cm，横径6.3cm；平均单果重110g，最大果重140g，整齐；果实扁圆形，红色，条纹短，红色；果面光滑，果粉少，有光泽，无棱起，斑状锈斑；蜡质少，果点中、凸；果梗中，近果端膨大呈肉质，梗洼较深，有锈斑，片状；萼片着生处浅洼，萼洼广，皱状，萼片宿存；果肉乳白色，质地粗，致密，汁液少；风味微酸，味淡，有涩味，品质中等；果心中等；不正形，近萼端；萼筒壶形，小，与心室连通；心室心形，横切面心室半开；种子数6粒；饱秕5：1；最佳食用期9月初至11月上旬，能贮至4月下旬。

### 4. 生物学习性

萌芽力强，发枝力中等，新梢一年平均长10.4cm，夏、秋梢生长量10.2cm；生长势一般；产量中等，大小不显著，单株平均产量（盛果期）20kg；萌芽期4月下旬，开花期5月下旬；果实采收期9月中旬，落叶期10月下旬。

## 品种评价

抗病，广适性，耐贫瘠，果实可食用；主要病虫害种类为锈病。

植株

叶片

花

果实

# 得荣青苹果

*Malus pumila* Mill.'Derongqingpingguo'

**调查编号：** FANGJGZQJ064

**所属树种：** 苹果 *Malus pumila* Mill.

**提 供 人：** 陈亮
**电　　话：** 15283030001
**住　　址：** 四川省泸州市江阳区农林局

**调 查 人：** 张全军、钟必凤、李洪雯
**电　　话：** 13880343656
**单　　位：** 四川省农业科学院园艺研究所

**调查地点：** 四川省甘孜藏族自治州得荣县茨巫乡

**地理数据：** GPS数据（海拔：2940m，经度：E99°22'34.51"，纬度：N29°2'48.48"）

**样本类型：** 叶片、枝条、果实

## 生境信息

生于坡度为30°的坡地，坡向东南，伴生植物为禾本科杂草，影响因子主要有砍伐；土地利用为耕地，人工林；砂壤土。土壤pH6.8，现存面积2.3hm²。

## 植物学信息

### 1. 植株情况

繁殖方法为无性繁殖，树势强，树姿开张，树形圆形。乔木，树高1.9m，冠幅东西2.5m、南北2.0m，干高20.0cm，干周25.0cm；主干灰色，树皮光滑不裂，枝条密。

### 2. 植物学特征

1年生枝条挺直，褐色，平均节间长度1.3cm，平均粗0.5cm，嫩梢上茸毛多，灰色，皮孔中等、凸、近圆形；成熟枝条灰褐色；叶芽三角形，茸毛中等，贴附；花芽瘦小，尖卵形，鳞片紧，茸毛中等；成龄叶中等，平均长6.0cm、宽3.5cm；叶片圆形，叶尖渐尖，叶基圆形，叶片浓绿色，叶面光滑，有光泽，叶背茸毛多，叶片锯齿钝、粗、大，齿上无针刺，无腺体；叶姿微折，叶边波状，先端扭曲，与枝条所成角度锐角；叶柄平均长0.55cm，叶柄粗度中等，茸毛中等，颜色微红。

花序总状排列，每花序花数5朵，花瓣数目5片，花冠中等，平均直径2.0cm；花瓣粉红色，卵形；花蕾红色；花梗长度中等，平均长1.7cm，有茸毛，灰白；雄蕊11个，花药浅黄色，花粉量少，雌蕊6个，柱头比雄蕊低，开花较叶发育后。

### 3. 果实性状

果实纵径4.7cm，横径5.3cm；平均单果重80g，最大果重120g，整齐；果实扁圆形，黄绿色，条纹短，红色；果面光滑，果粉少，有光泽，无棱起，斑状锈斑；蜡质少，果点中、凸；果梗中，近果端膨大呈肉质，梗洼较深，有锈斑，片状；萼片着生处浅洼，萼洼广，皱状，萼片宿存；果肉乳白色，质地粗，致密，汁液少；风味微酸，味淡，有涩味，品质中等；果心中等，不正形，近萼端；萼筒壶形，小，与心室连通；心室心形，横切面心室半开；种子数6粒；饱秕5∶1。

### 4. 生物学习性

萌芽力强，发枝力强，新梢一年平均长12.0cm，夏、秋梢生长量10.5cm；生长势中等；开始结果年龄5年，盛果期年龄10年；长果枝30%，中果枝40%，短果枝75%，腋花芽结果80%；果台副梢抽生及连续结果能力中等，全树坐果；坐果力强，生理落果少，采前落果少；产量中等，大小年显著，单株平均产量（盛果期）17.5kg；萌芽期4月中旬，开花期5月中上旬；果实采收期9月中旬，落叶期10月下旬。

## 品种评价

抗病，广适性，耐贫瘠，果实可食用。

植株

叶片

花

果实

# 斯塔干阿里马

*Malus pumila* Mill.'Sitaganalima'

🔲 调查编号：CAOQFNJX045

🔲 所属树种：苹果 *Malus pumila* Mill.

📄 提 供 人：木合塔尔
电　　话：13289953886
住　　址：新疆农业科学院吐鲁番农
业科学研究所

📄 调 查 人：牛建新
电　　话：13999533176
单　　位：石河子大学

📍 调查地点：新疆维吾尔自治区伊犁哈
萨克自治州特克斯县

🌐 地理数据：GPS数据（海拔：1214m，
经度：E81°44'43"，纬度：N43°12'16"）

🖼 样本类型：叶片、花、枝条

## 🔖 生境信息

来源于当地，生于田间平地，该地为耕地，伴生物种为禾草，影响因子主要有砍伐，放牧；土质为砂壤土。pH6.4，种植年限20年，现存2株。

## 🔖 植物学信息

### 1. 植株情况

繁殖方法为无性繁殖，树势强，树姿开张，树形圆形。乔木，树高5.5m，冠幅东西3.5m、南北3.0m，干高155.0cm，干周55.0cm；主干灰色，树皮光滑不裂，枝条密。

### 2. 植物学特征

1年生枝条挺直，褐色，平均节间长1.5cm，平均粗0.6cm，嫩梢上茸毛多，灰色，皮孔中等、凸，近圆形；成熟枝条灰褐色；叶芽三角形，茸毛中等，贴附；花芽瘦小，尖卵形，鳞片紧，茸毛中等；成龄叶中等，平均长6.5cm、宽3.5cm；叶片圆形，叶尖渐尖，叶基圆形，叶片浓绿色，叶面光滑，有光泽，叶背茸毛多，叶片锯齿钝，粗、大，齿上无针刺，无腺体；叶姿微折，叶边波状，先端扭曲，与枝条所成角度锐角；叶柄平均长0.5cm，粗度中等，茸毛中等，颜色微红。

花序总状排列，每花序花数5朵，花瓣数目5片，花冠中等，平均直径2.5cm；花瓣粉红色，卵形；花蕾红色；花梗长度中等，平均长1.7cm，有茸毛，灰白；雄蕊13个，花药浅黄色，花粉量少，雌蕊6个，柱头比雄蕊低，开花较叶发育后。

### 3. 果实性状

果实纵径5.2cm，横径6.3cm；平均单果重90g，最大果重125g，整齐；果实扁圆形，黄色，条纹短，红色；果面光滑，果粉少，有光泽，无棱起，斑状锈斑；蜡质少，果点中、凸；果梗中，近果端膨大呈肉质，梗洼较深，有锈斑，片状；萼片着生处浅洼，萼洼广，皱状，萼片宿存；果肉乳白色，质地粗，致密，汁液少；风味微酸，味淡，有涩味，品质中等；果心中等，不正形，近萼端；萼筒壶形，小，与心室连通；心室心形，横切面心室半开；种子数6粒；饱粒比例5∶1；最佳食用期10月中旬至11月上旬，能贮至4月下旬。

### 4. 生物学习性

萌芽力强，发枝力强，新梢一年平均长13.0cm，夏、秋梢生长量12.5cm；生长势中等；果台副梢抽生及连续结果能力中等，全树坐果；坐果力强，生理落果少，采前落果少；产量中等，大小年显著，单株平均产量（盛果期）17.5kg；萌芽期4月中旬，开花期5月中上旬；果实采收期10月中旬，落叶期10月下旬。

## 🔖 品种评价

抗病，广适性，耐贫瘠，果实可食用。

叶片

植株

花

果实

# 阿哥阿拉马
# （白苹果）

*Malus pumila* Mill.'Agealamabaipingguo'

調查编号： CAOQFNJX046

所属树种： 苹果 *Malus pumila* Mill.

提 供 人： 木合塔尔
电 话： 13289953886
住 址： 新疆农业科学院吐鲁番农业科学研究所

调 查 人： 牛建新
电 话： 13999533176
单 位： 石河子大学

调查地点： 新疆维吾尔自治区伊犁哈萨克自治州伊宁市塔也尔1大队

地理数据： GPS数据（海拔：936m，经度：E83°04'00"，纬度：N43°24'24"）

样本类型： 叶片、花、枝条

## 生境信息

来源于当地，生于田间平地，该地为耕地，伴生物种为禾草，影响因子主要有砍伐，放牧；土质为砂壤土。pH6.4，种植年限15年，现存30株。

## 植物学信息

### 1. 植株情况

繁殖方法为无性繁殖，树势强，树姿开张，树形圆形。乔木，树高4.0m，冠幅东西4.5m、南北4.0m，干高25.0cm，干周45.0cm；主干灰色，树皮光滑不裂，枝条密。

### 2. 植物学特征

1年生枝条挺直，褐色，平均节间长1.7cm，平均粗0.5cm，嫩梢上茸毛多，灰色，皮孔中等、凸，近圆形；成熟枝条灰褐色；叶芽三角形，茸毛中等，贴附；花芽瘦小，尖卵形，鳞片紧，茸毛中等；成龄叶中等，平均长6.0cm、宽3.8cm；叶片圆形，叶尖圆钝，叶基圆形，叶片浓绿色，叶面光滑，有光泽，叶背茸毛多，叶片锯齿钝，粗、大，齿上无针刺，无腺体；叶姿微折，叶边波状，先端扭曲，与枝条所成角度锐角；叶柄平均长0.6cm，粗度中等，茸毛中等，颜色微红。

花序总状排列，每花序花数5朵，花瓣数目5片，花冠中等，平均直径1.5cm；花瓣粉红色，卵形；花蕾红色；花梗长度中等，平均长1.7cm，有茸毛，灰白；雄蕊13个，花药浅黄色，花粉量少，雌蕊6个，柱头比雄蕊低，开花较叶发育后。

### 3. 果实性状

果实纵径5.2cm，横径5.6cm；平均单果重85g，最大果重125g，整齐；果实扁圆形，黄色，条纹短，绿色；果面光滑，果粉少，有光泽，无棱起，斑状锈斑；蜡质少，果点中、凸；果梗中，近果端膨大呈肉质，梗洼较深，有锈斑，片状；萼片着生处浅洼，萼洼广，皱状，萼片宿存；果肉乳白色，质地粗，致密，汁液少；风味微酸，味淡，有涩味，品质中等；果心中等，不正形，近萼端；萼筒壶形，小，与心室连通；心室心形，横切面心室半开；种子数6粒；饱秕比例5：1；最佳食用期10月中旬至11月上旬，能贮至4月下旬。

### 4. 生物学习性

萌芽力强，发枝力强，新梢一年平均长11.0cm，夏、秋梢生长量10.5cm；生长势中等；果台副梢抽生及连续结果能力中等，全树坐果；坐果力强，生理落果少，采前落果少；产量中等，大小年显著，单株平均产量（盛果期）17.5kg；萌芽期4月中旬，开花期5月中上旬；果实采收期10月中旬，落叶期10月下旬。

## 品种评价

抗病，广适性，耐贫瘠，果实可食用。

植株

叶片

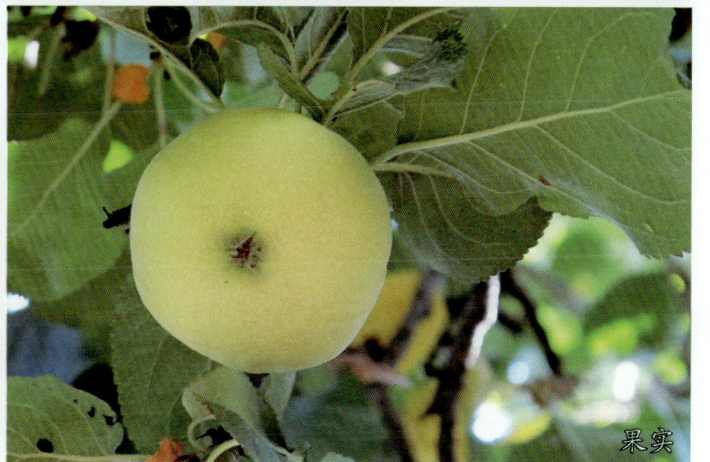

花

果实

# 冬里蒙

*Malus pumila* Mill.'Donglimeng'

调查编号：CAOQFNJX047

所属树种：苹果 *Malus pumila* Mill.

提 供 人：木合塔尔
电　　话：13289953886
住　　址：新疆农业科学院吐鲁番农业科学研究所

调 查 人：牛建新
电　　话：13999533176
单　　位：石河子大学

调查地点：新疆维吾尔自治区伊犁哈萨克自治州伊宁市塔也尔1大队

地理数据：GPS数据（海拔：631m，经度：E81°19'36"，纬度：N43°53'34"）

样本类型：叶片、花、枝条

## 生境信息

来源于当地，生于田间平地，该地为耕地，伴生物种为禾草，影响因子主要有砍伐，放牧；土质为砂壤土。pH6.4，种植年限30年，现存2株。

## 植物学信息

### 1. 植株情况

繁殖方法为无性繁殖，树势强，树姿开张，树形圆形。乔木，树高6.0m，冠幅东西5.5m、南北4.0m，干高160.0cm，干周45.0cm；主干灰色，树皮光滑不裂，枝条密。

### 2. 植物学特征

1年生枝条挺直，褐色，平均节间长1.5cm，平均粗0.6cm，嫩梢上茸毛多，灰色，皮孔中等、凸，近圆形；成熟枝条灰褐色；叶芽三角形，茸毛中等，贴附；花芽瘦小，尖卵形，鳞片紧，茸毛中等；成龄叶中等，平均长7.0cm、宽3.5cm；叶片圆形，叶尖渐尖，叶基圆形，叶片浓绿色，叶面光滑，有光泽，叶背茸毛多，叶片锯齿钝、粗、大，齿上无针刺，无腺体；叶姿微折，叶边波状，先端扭曲，与枝条所成角度锐角；叶柄平均长0.6cm，粗度中等，茸毛中等，颜色微红。

花序总状排列，每花序花数5朵，花瓣数目5片，花冠中等，平均直径2.0cm；花瓣粉红色，卵形；花蕾红色；花梗长度中等，平均长1.5cm，有茸毛，灰白；雄蕊13个，花药浅黄色，花粉量少，雌蕊6个，柱头比雄蕊低，开花较叶发育后。

### 3. 果实性状

果实纵径5.2cm，横径5.6cm；平均单果重85g，最大果重130g，整齐；果实扁圆形，黄色，条纹短，红色；果面光滑，果粉少，有光泽，无棱起，斑状锈斑；蜡质少，果点中、凸；果梗中，近果端膨大呈肉质，梗洼较深，有锈斑，片状；萼片着生处浅洼，萼洼广，皱状，萼片宿存；果肉乳白色，质地粗，致密，汁液少；风味微酸，味淡，有涩味，品质中等；果心中等，不正形，近萼端；萼筒壶形，小，与心室连通；心室心形，横切面心室半开；种子数6粒；饱秕比例5：1。

### 4. 生物学习性

萌芽力强，发枝力强，新梢一年平均长12.0cm，夏、秋梢生长量10.0cm；生长势中等；果台副梢抽生及连续结果能力中等，全树坐果；坐果力强，生理落果少，采前落果少；产量中等，大小年显著，单株平均产量（盛果期）20kg；萌芽期4月中旬，开花期5月中上旬；果实采收期10月中旬，落叶期10月下旬。

## 品种评价

抗病，广适性，耐贫瘠，果实可食用。

植株

叶片

花

果实

# 红阿波尔特

*Malus pumila* Mill.'Hongaboerte'

调查编号： CAOQFNJX048

所属树种： 苹果 *Malus pumila* Mill.

提 供 人： 木合塔尔
电　　话： 13289953886
住　　址： 新疆农业科学院吐鲁番农业科学研究所

调 查 人： 牛建新
电　　话： 13999533176
单　　位： 石河子大学

调查地点： 新疆维吾尔自治区伊犁哈萨克自治州特克斯县库瓦村

地理数据： GPS数据（海拔：1308m，经度：E81°43'10"，纬度：N43°53'39.25"）

样本类型： 叶片、花、枝条

## 生境信息

来源于当地，生于田间平地，该地为耕地，伴生物种为禾草，影响因子主要有砍伐，放牧；土质为砂壤土。pH6.4，种植年限20年，现存10株。

## 植物学信息

### 1. 植株情况

繁殖方法为无性繁殖，树势强，树姿开张，树形圆形。乔木，树高5.0m，冠幅东西5.5m、南北4.5m，干高25.0cm，干周35.0cm；主干灰色，树皮光滑不裂，枝条密。

### 2. 植物学特征

1年生枝条挺直，褐色，平均节间长1.7cm，平均粗0.50cm，嫩梢上茸毛多，灰色，皮孔中等、凸，近圆形；成熟枝条灰褐色；叶芽三角形，茸毛中等，贴附；花芽瘦小，尖卵形，鳞片紧，茸毛中等；成龄叶中等，平均长5.5cm、宽2.5cm；叶片圆形，叶尖渐尖，叶基圆形，叶片浓绿色，叶面光滑，有光泽，叶背茸毛多，叶片锯齿钝，粗、大，齿上无针刺，无腺体；叶姿微折，叶边波状，先端扭曲，与枝条所成角度锐角；叶柄平均长0.50cm，粗度中等，茸毛中等，颜色微红。

花序总状排列，每花序花数5朵，花瓣数目5片，花冠中等，平均直径2.5cm；花瓣粉红色，卵形；花蕾红色；花梗长度中等，平均长1.5cm，有茸毛，灰白；雄蕊13个，花药浅黄色，花粉量少，雌蕊6个，柱头比雄蕊低，开花较叶发育后。

### 3. 果实性状

果实纵径5.7cm，横径6.2cm；平均单果重100g，最大果重145g，整齐；果实扁圆形，红色，条纹短，红色；果面光滑，果粉少，有光泽，无棱起，斑状锈斑；蜡质少，果点中、凸；果梗中，近果端膨大呈肉质，梗洼较深，有锈斑，片状；萼片着生处浅洼，萼洼广，皱状，萼片宿存；果肉乳白色，质地粗，致密，汁液少；风味微酸，味淡，有涩味，品质中等；果心中等，不正形，近萼端；萼筒壶形，小，与心室连通；心室心形，横切面心室半开；种子数7粒；饱秕比例6：1；最佳食用期10月中旬至11月上旬，能贮至4月下旬。

### 4. 生物学习性

萌芽力强，发枝力强，新梢一年平均长11.5cm，夏、秋梢生长量10.5cm；生长势中等；果台副梢抽生及连续结果能力中等，全树坐果；坐果力强，生理落果少，采前落果少；产量中等，大小年显著，单株平均产量（盛果期）32.5kg；萌芽期4月中旬，开花期5月中上旬；果实采收期10月中旬，落叶期10月下旬。

## 品种评价

抗病，广适性，耐贫瘠，果实可食用。

植株

叶片

花

果实

# 茶依阿拉马（大果）

*Malus pumila* Mill.'Chayialamadaguo'

- 调查编号：CAOQFNJX049

- 所属树种：苹果 *Malus pumila* Mill.

- 提 供 人：木合塔尔
  电　　话：13289953886
  住　　址：新疆农业科学院吐鲁番农业科学研究所

- 调 查 人：牛建新
  电　　话：13999533176
  单　　位：石河子大学

- 调查地点：新疆维吾尔自治区伊犁哈萨克自治州新源县发展街

- 地理数据：GPS数据（海拔：933m，经度：E83°03'58"，纬度：N43°24'22"）

- 样本类型：叶片、花、枝条

## 生境信息

来源于当地，生于田间平地，该地为耕地，伴生物种为禾草，影响因子主要有砍伐，放牧；土质为砂壤土。pH6.4，种植年限15年，现存20株。

## 植物学信息

### 1. 植株情况

繁殖方法为无性繁殖，树势强，树姿开张，树形圆形。乔木，树高3.5m，冠幅东西4.0m、南北3.5m，干高30.0cm，干周30.0cm；主干灰色，树皮光滑不裂，枝条密。

### 2. 植物学特征

1年生枝条挺直，褐色，平均节间长1.2cm，平均粗0.45cm，嫩梢上茸毛多，灰色，皮孔中等、凸、近圆形；成熟枝条灰褐色；叶芽三角形，茸毛中等，贴附；花芽瘦小，尖卵形，鳞片紧，茸毛中等；成龄叶中等，平均长6.0cm、宽3.5cm；叶片圆形，叶尖渐尖，叶基圆形，叶片浓绿色，叶面光滑，有光泽，叶背茸毛多，叶片锯齿钝，粗、大，齿上无针刺，无腺体；叶姿微折，叶边波状，先端扭曲，与枝条所成角度锐角；叶柄平均长0.55cm，粗度中等，茸毛中等，颜色微红。

花序总状排列，每花序花数5朵，花瓣数目5片，花冠中等，平均直径2.0cm；花瓣粉红色，卵形；花蕾红色；花梗长度中等，平均长1.5cm，有茸毛，灰白；雄蕊11个，花药浅黄色，花粉量少，雌蕊6个，柱头比雄蕊低，开花较叶发育后。

### 3. 果实性状

果实纵径5.1cm，横径5.6cm；平均单果重95g，最大果重135g，整齐；果实扁圆形，红色，条纹短，红色；果面光滑，果粉少，有光泽，无棱起，斑状锈斑；蜡质少，果点中、凸；果梗中，近果端膨大呈肉质，梗洼较深，有锈斑，片状；萼片着生处浅洼，萼洼广，皱状，萼片宿存；果肉乳白色，质地粗，致密，汁液少；风味微酸，味淡，有涩味，品质中等；果心中等，不正形，近萼端；萼筒壶形，小，与心室连通；心室心形，横切面心室半开；种子数6粒；饱秕比例5：1。

### 4. 生物学习性

萌芽力强，发枝力强，新梢一年平均长13.5cm，夏、秋梢生长量11.5cm；生长势中等；果台副梢抽生及连续结果能力中等，全树坐果；坐果力强，生理落果少，采前落果少；产量中等，大小年显著，单株平均产量（盛果期）20kg；萌芽期4月中旬，开花期5月中上旬，果实采收期10月中旬，落叶期10月下旬。

## 品种评价

抗病，广适性，耐贫瘠，果实可食用。

植株

叶片

花

果实

# 麻扎乡
# 红肉苹果

*Malus pumila* Mill.
'Mazhaxianghongroupingguo'

🔖 调查编号：CAOQFNJX050

🏷️ 所属树种：苹果 *Malus pumila* Mill.

📄 提供人：木合塔尔
　电　话：13289953886
　住　址：新疆农业科学院吐鲁番农业科学研究所

🗂️ 调查人：牛建新
　电　话：13999533176
　单　位：石河子大学

📍 调查地点：新疆维吾尔自治区伊犁哈萨克自治州伊宁县麻扎乡

🌐 地理数据：GPS数据（海拔：786m，经度：E81°56'10.79"，纬度：N43°51'17.81"）

🖼️ 样本类型：叶片、花、枝条

## 🔖 生境信息

来源于当地，生于田间平地，该地为耕地，伴生物种为禾草，影响因子主要有砍伐，放牧；土质为砂壤土。pH6.4，种植年限15年，现存10株。

## 📋 植物学信息

### 1. 植株情况

繁殖方法为无性繁殖，树势强，树姿开张，树形圆形。乔木，树高4.0m，冠幅东西3.5m、南北3.0m，干高50.0cm，干周35.0cm；主干灰色，树皮光滑不裂，枝条密。

### 2. 植物学特征

1年生枝条挺直，褐色，平均节间长度1.5cm，平均粗0.55cm，嫩梢上茸毛多，灰色，皮孔中等、凸，近圆形；成熟枝条灰褐色；叶芽三角形，茸毛中等，贴附；花芽瘦小，尖卵形，鳞片紧，茸毛中等；成龄叶中等，平均长6.5cm、宽3.5cm；叶片圆形，叶尖渐尖，叶基圆形，叶片浓绿色，叶面光滑，有光泽，叶背茸毛多，叶片锯齿钝，粗、大，齿上无针刺，无腺体；叶姿微折，叶边波状，先端扭曲，与枝条所成角度锐角；叶柄平均长0.45cm，叶柄粗度中等，茸毛中等，颜色微红。

花序总状排列，每花序花数5朵，花瓣数目5片，花冠中等，平均直径2.0cm；花瓣粉红色，卵形；花蕾红色；花梗长度中等，平均长1.5cm，有茸毛，灰白；雄蕊13个，花药浅黄色，花粉量少，雌蕊6个，柱头比雄蕊低，开花较叶发育后。

### 3. 果实性状

果实纵径5.3cm，横径5.7cm；平均单果重100g，最大果重130g，整齐；果实扁圆形，红色，条纹短，红色；果面光滑，果粉少，有光泽，无棱起，斑状锈斑；蜡质少，果点中、凸；果梗中，近果端膨大呈肉质，梗洼较深，有锈斑，片状；萼片着生处浅洼，萼洼广，皱状，萼片宿存；果肉乳白色，质地粗，致密，汁液少；风味微酸，味淡，有涩味，品质中等，果心中等，不正形，近萼端；萼筒壶形，小，与心室连通；心室心形，横切面心室半开；种子数8粒；饱秕比例7∶1。

### 4. 生物学习性

萌芽力强，发枝力强，新梢一年平均长12.5cm，夏、秋梢生长量10.5cm；生长势中等；果台副梢抽生及连续结果能力中等，全树坐果；坐果力强，生理落果少，采前落果少；产量中等，大小年显著，单株平均产量（盛果期）32.5kg；萌芽期4月中旬，开花期5月中上旬；果实采收期10月中旬，落叶期10月下旬。

## 📋 品种评价

抗病，广适性，耐贫瘠，果实可食用。

植株

叶片

花

果实

# 假塔干苹果

*Malus pumila* Mill.'Jiataganpingguo'

调查编号：CAOQFNJX051

所属树种：苹果 *Malus pumila* Mill.

提 供 人：木合塔尔
电　　话：13289953886
住　　址：新疆农业科学院吐鲁番农业科学研究所

调 查 人：牛建新
电　　话：13999533176
单　　位：石河子大学

调查地点：新疆维吾尔自治区伊犁哈萨克自治州伊宁市塔什科瑞克乡

地理数据：GPS数据（海拔：631m，经度：E81°19'36"，纬度：N43°53'34"）

样本类型：叶片、花、枝条

## 生境信息

来源于当地，生于田间平地，该地为耕地，伴生物种为禾草，影响因子主要有砍伐，放牧；土质为砂壤土。pH6.4，种植年限10年，现存10株。

## 植物学信息

### 1. 植株情况

繁殖方法为无性繁殖，树势强，树姿开张，树形圆形。乔木，树高4.5m，冠幅东西4.0m、南北3.5m，干高60.0cm，干周27.0cm；主干灰色，树皮光滑不裂，枝条密。

### 2. 植物学特征

1年生枝条挺直，褐色，平均节间长度1.2cm，平均粗0.45cm，嫩梢上茸毛多，灰色，皮孔中等、凸，近圆形；成熟枝条灰褐色；叶芽三角形，茸毛中等，贴附；花芽瘦小，尖卵形，鳞片紧，茸毛中等；成龄叶中等，平均长6.0cm、宽3.0cm；叶片圆形，叶尖渐尖，叶基圆形，叶片浓绿色，叶面光滑，有光泽，叶背茸毛多，叶片锯齿钝，粗、大，齿上无针刺，无腺体；叶姿微折，叶边波状，先端扭曲，与枝条所成角度锐角；叶柄平均长0.5cm，叶柄粗度中等，茸毛中等，颜色微红。

花序总状排列，每花序花数5朵，花瓣数目5片，花冠中等，平均直径2.0cm；花瓣粉红色，卵形；花蕾红色；花梗长度中等，平均长1.5cm，有茸毛，灰白；雄蕊13个，花药浅黄色，花粉量少，雌蕊6个，柱头比雄蕊低，开花较叶发育后。

### 3. 果实性状

果实纵径4.7cm，横径5.3cm；平均单果重90g，最大果重140g，整齐；果实扁圆形，红色，条纹短，红色；果面光滑，果粉少，有光泽，无棱起，斑状锈斑；蜡质少，果点中、凸；果梗中，近果端膨大呈肉质，梗洼较深，有锈斑，片状；萼片着生处浅洼，萼洼广，皱状，萼片宿存；果肉乳白色，质地粗，致密，汁液少；风味微酸，味淡，有涩味，品质中等；果心中等，不正形，近萼端；萼筒壶形，小，与心室连通；心室心形，横切面心室半开；种子数6粒；饱秕比例5:1。

### 4. 生物学习性

萌芽力强，发枝力强，新梢一年平均长13.5cm，夏、秋梢生长量11.5cm；生长势中等；果台副梢抽生及连续结果能力中等，全树坐果；坐果力强，生理落果少，采前落果少；产量中等，大小年显著，单株平均产量（盛果期）20kg；萌芽期4月中旬，开花期5月中上旬；果实采收期10月中旬，落叶期10月下旬。

## 品种评价

抗病，广适性，耐贫瘠，果实可食用。修剪反应不敏感，对土壤、地势、栽培条件的要求低。

植株

花

果实

# 金塔干

*Malus pumila* Mill.‘Jintagan’

- 调查编号： CAOQFNJX052

- 所属树种： 苹果 *Malus pumila* Mill.

- 提 供 人： 木合塔尔
  电　　话： 13289953886
  住　　址： 新疆农业科学院吐鲁番农业科学研究所

- 调 查 人： 牛建新
  电　　话： 13999533176
  单　　位： 石河子大学

- 调查地点： 新疆维吾尔自治区伊犁哈萨克自治州伊宁县吐鲁番于孜乡

- 地理数据： GPS数据（海拔：844m，经度：E81°29′09″，纬度：N44°00′21″）

- 样本类型： 叶片、花、枝条

## 生境信息

来源于当地，生于田间平地，该地为耕地，伴生物种为禾草，影响因子主要有砍伐，放牧；土质为砂壤土。pH6.4，种植年限30年，现存2株。

## 植物学信息

### 1. 植株情况

繁殖方法为无性繁殖，树势强，树姿开张，树形圆形。乔木，树高2.7m，冠幅东西5.0m、南北3.0m，干高40.0cm，干周40.0cm；主干灰色，树皮光滑不裂，枝条密。

### 2. 植物学特征

1年生枝条挺直，褐色，平均节间长度1.5cm，平均粗0.48cm，嫩梢上茸毛多，灰色，皮孔中等、凸，近圆形；成熟枝条灰褐色；叶芽三角形，茸毛中等，贴附；花芽瘦小，尖卵形，鳞片紧，茸毛中等；成龄叶中等，平均长6.5cm、宽3.5cm；叶片圆形，叶尖渐尖，叶基圆形，叶片浓绿色，叶面光滑，有光泽，叶背茸毛多，叶片锯齿钝、粗、大，齿上无针刺，无腺体；叶姿微折，叶边波状，先端扭曲，与枝条所成角度锐角；叶柄平均长0.6cm，叶柄粗度中等，茸毛中等，颜色微红。

花序总状排列，每花序花数5朵，花瓣数目5片，花冠中等，平均直径2.0cm；花瓣粉红色，卵形；花蕾红色；花梗长度中等，平均长1.5cm，有茸毛，灰白；雄蕊11个，花药浅黄色，花粉量少，雌蕊6个，柱头比雄蕊低，开花较叶发育后。

### 3. 果实性状

果实纵径4.5cm，横径5.3cm；平均单果重90g，最大果重135g，整齐；果实扁圆形，红色，条纹短，红色；果面光滑，果粉少，有光泽，无棱起，斑状锈斑；蜡质少，果点中、凸；果梗中，近果端膨大呈肉质，梗洼较深，有锈斑，片状；萼片着生处浅洼，萼洼广，皱状，萼片宿存；果肉乳白色，质地粗、致密，汁液少；风味微酸，味淡，有涩味，品质中等；果心中等，不正形，近萼端；萼筒壶形，小，与心室连通；心室心形，横切面心室半开；种子数6粒；饱秕比例7∶1。

### 4. 生物学习性

萌芽力强，发枝力强，新梢一年平均长10.5cm，夏、秋梢生长量10.5cm；生长势中等；果台副梢抽生及连续结果能力中等，全树坐果；坐果力强，生理落果少，采前落果少；产量中等，大小年显著，单株平均产量（盛果期）32.5kg；萌芽期4月中旬，开花期5月中上旬；果实采收期10月中旬，落叶期10月下旬。

## 品种评价

抗病，广适性，耐贫瘠，果实可食用。

植株

花

叶片

果实

# 卡巴克阿勒玛

*Malus pumila* Mill.'Kabakealema'

- 调查编号： CAOQFNJX053

- 所属树种： 苹果 *Malus pumila* Mill.

- 提 供 人： 木合塔尔
  电　　话： 13289953886
  住　　址： 新疆农业科学院吐鲁番农业科学研究所

- 调 查 人： 牛建新
  电　　话： 13999533176
  单　　位： 石河子大学

- 调查地点： 新疆维吾尔自治区伊犁哈萨克自治州伊宁县麻扎乡

- 地理数据： GPS数据（海拔：902m，经度：E81°56'01"，纬度：N43°51'05"）

- 样本类型： 叶片、花、枝条

## 生境信息

来源于当地，生于田间平地，该地为耕地，伴生物种为禾草，影响因子主要有砍伐，放牧；土质为砂壤土。pH6.4，种植年限10年，现存50株。

## 植物学信息

### 1. 植株情况

繁殖方法为无性繁殖，树势强，树姿开张，树形圆形。乔木，树高3.5m，冠幅东西5.5m、南北3.5m，干高35.0cm，干周30.0cm；主干灰色，树皮光滑不裂，枝条密。

### 2. 植物学特征

1年生枝条挺直，褐色，平均节间长度1.2cm，平均粗0.43cm，嫩梢上茸毛多，灰色，皮孔中等、凸、近圆形；成熟枝条灰褐色；叶芽三角形，茸毛中等，贴附；花芽瘦小，尖卵形，鳞片紧，茸毛中等；成龄叶中等，平均长6.0cm、宽3.0cm；叶片圆形，叶尖渐尖，叶基圆形，叶片浓绿色，叶面光滑，有光泽，叶背茸毛多，叶片锯齿钝、粗、大，齿上无针刺，无腺体；叶姿微折，叶边波状，先端扭曲，与枝条所成角度锐角；叶柄平均长0.5cm，叶柄粗度中等，茸毛中等，颜色微红。

花序总状排列，每花序花数5朵，花瓣数目5片，花冠中等，平均直径2.5cm；花瓣粉红色，卵形；花蕾红色；花梗长度中等，平均长1.5cm，有茸毛，灰白；雄蕊15个，花药浅黄色，花粉量少，雌蕊6个，柱头比雄蕊低，开花较叶发育后。

### 3. 果实性状

果实纵径4.5cm，横径5.1cm；平均单果重80g，最大果重125g，整齐；果实扁圆形，绿黄色，条纹短、红色；果面光滑，果粉少，有光泽，无棱起，斑状锈斑；蜡质少，果点中、凸；果梗中，近果端膨大呈肉质，梗洼较深，有锈斑，片状；萼片着生处浅洼，萼洼广，皱状，萼片宿存；果肉乳白色，质地粗，致密，汁液少；风味微酸，味淡，有涩味，品质中等；果心中等，不正形，近萼端；萼筒壶形，小，与心室连通；心室心形，横切面心室半开；种子数6粒；饱秕比例5∶1。

### 4. 生物学习性

萌芽力强，发枝力强，新梢一年平均长12.5cm，夏、秋梢生长量11.5cm；生长势中等；果台副梢抽生及连续结果能力中等，全树坐果；坐果力强，生理落果少，采前落果少；产量中等，大小年显著，单株平均产量（盛果期）20kg；萌芽期4月中旬，开花期5月中上旬；果实采收期10月中旬，落叶期10月下旬。

## 品种评价

抗病，广适性，耐贫瘠，果实可食用。

叶片

果实

植株

花

# 卡吐西卡苹果

*Malus pumila* Mill.'Katuxikapingguo'

调查编号：CAOQFNJX054

所属树种：苹果 *Malus pumila* Mill.

提 供 人：木合塔尔
电　　话：13289953886
住　　址：新疆农业科学院吐鲁番农业科学研究所

调 查 人：牛建新
电　　话：13999533176
单　　位：石河子大学

调查地点：新疆维吾尔自治区伊犁哈萨克自治州伊宁县塔什科瑞克乡

地理数据：GPS数据（海拔：634m，经度：E81°19'37"，纬度：N43°53'34"）

样本类型：叶片、花、枝条

## 生境信息

来源于当地，生于田间平地，该地为耕地，伴生物种为禾草，影响因子主要有砍伐，放牧；土质为砂壤土。pH6.4，种植年限20年，现存5株。

## 植物学信息

### 1. 植株情况

繁殖方法为无性繁殖，树势强，树姿开张，树形圆形。乔木，树高4.5m，冠幅东西5.0m、南北4.5m，干高45.0cm，干周60.0cm；主干灰色，树皮光滑不裂，枝条密。

### 2. 植物学特征

1年生枝条挺直，褐色，平均节间长度1.5cm，平均粗0.45cm，嫩梢上茸毛多，灰色，皮孔中等、凸，近圆形；成熟枝条灰褐色；叶芽三角形，茸毛中等，贴附；花芽瘦小，尖卵形，鳞片紧，茸毛中等；成龄叶中等，平均长6.5cm、宽2.8cm；叶片圆形，叶尖圆钝，叶基圆形，叶片浓绿色，叶面光滑，有光泽，叶背茸毛多，叶片锯齿钝，粗、大，齿上无针刺，无腺体；叶姿微折，叶边波状，先端扭曲，与枝条所成角度锐角；叶柄平均长0.7cm，叶柄粗度中等，茸毛中等，颜色微红。

花序总状排列，每花序花数5朵，花瓣数目5片，花冠中等，平均直径2.5cm；花瓣粉红色，卵形；花蕾红色；花梗长度中等，平均长1.5cm，有茸毛，灰白；雄蕊13个，花药浅黄色，花粉量少，雌蕊6个，柱头比雄蕊低，开花较叶发育后。

### 3. 果实性状

果实纵径4.8cm，横径5.4cm；平均单果重85g，最大果重135g，整齐；果实扁圆形，绿黄色，条纹短，红色；果面光滑，果粉少，有光泽，无棱起，斑状锈斑；蜡质少，果点中、凸；果梗中，近果端膨大呈肉质，梗洼较深，有锈斑，片状；萼片着生处浅洼，萼洼广，皱状，萼片宿存；果肉乳白色，果肉质地粗，致密，汁液少；风味微酸，味淡，有涩味，品质中等；果心中等，不正形，近萼端；萼筒壶形，小，与心室连通；心室心形，横切面心室半开；种子数6粒；饱秕比例5：1。

### 4. 生物学习性

萌芽力强，发枝力强，新梢一年平均长11.0cm，夏、秋梢生长量10.5cm；生长势中等；果台副梢抽生及连续结果能力中等，全树坐果；坐果力强，生理落果少，采前落果少；产量中等，大小年显著，单株平均产量（盛果期）32.5kg；萌芽期4月中旬，开花期5月中上旬，果实采收期10月中旬，落叶期10月下旬。

## 品种评价

抗病，广适性，耐贫瘠，果实可食用。

叶片

植株

花

果实

# 沙里木阿里马（短柄）

*Malus pumila* Mill.'Shalimualimaduanbing'

- 调查编号：CAOQFNJX055

- 所属树种：苹果 *Malus pumila* Mill.

- 提 供 人：木合塔尔
  电　　话：13289953886
  住　　址：新疆农业科学院吐鲁番农业科学研究所

- 调 查 人：牛建新
  电　　话：13999533176
  单　　位：石河子大学

- 调查地点：新疆维吾尔自治区伊犁哈萨克自治州伊宁县曲鲁海乡

- 地理数据：GPS数据（海拔：846m，经度：E81°39'51"，纬度：N43°57'14"）

- 样本类型：叶片、花、枝条

## 生境信息

来源于当地，生于田间平地，该地为耕地，伴生物种为禾草，影响因子主要有砍伐；土质为砂壤土。pH6.4，种植年限20年，现存5株。

## 植物学信息

### 1. 植株情况

繁殖方法为无性繁殖，树势强，树姿开张，树形圆形。乔木，树高5.0m，冠幅东西4.5m、南北5.5m，干高35.0cm，干周55.0cm；主干灰色，树皮光滑不裂，枝条密。

### 2. 植物学特征

1年生枝条挺直，褐色，平均节间长度1.7cm，平均粗0.49cm，嫩梢上茸毛多，灰色，皮孔中等、凸，近圆形；成熟枝条灰褐色；叶芽三角形，茸毛中等，贴附；花芽瘦小，尖卵形，鳞片紧，茸毛中等；成龄叶长，平均长8.5cm、宽3.8cm；叶片圆形，叶尖圆钝，叶基圆形，叶片浓绿色，叶面光滑，有光泽，叶背茸毛多，叶片锯齿钝、粗、大，齿上无针刺，无腺体；叶姿微折，叶边波状，先端扭曲，与枝条所成角度锐角；叶柄平均长0.5cm，叶柄粗度中等，茸毛中等，颜色微红。

花序总状排列，每花序花数5朵，花瓣数目5片，花冠中等，平均直径2.5cm；花瓣粉红色，卵形；花蕾红色；花梗长度中等，平均长1.5cm，有茸毛，灰白；雄蕊11个，花药浅黄色，花粉量少，雌蕊6个，柱头比雄蕊低，开花较叶发育后。

### 3. 果实性状

果实纵径5.0cm，横径5.6cm；平均单果重100g，最大果重155g，整齐；果实扁圆形，粉红色，条纹短，红色；果面光滑，果粉少，有光泽，无棱起，斑状锈斑；蜡质少，果点中、凸；果梗中，近果端膨大呈肉质，梗洼较深，有锈斑，片状；萼片着生处浅洼，萼洼广，皱状，萼片宿存；果肉乳白色，质地粗、致密，汁液少；风味微酸，味淡，有涩味，品质中等；果心中等，不正形，近萼端；萼筒壶形，小，与心室连通；心室心形，横切面心室半开；种子数6粒；饱秕比例5：1。

### 4. 生物学习性

萌芽力强，发枝力强，新梢一年平均长12.0cm，夏、秋梢生长量10.5cm；生长势中等；果台副梢抽生及连续结果能力中等，全树坐果；坐果力强，生理落果少，采前落果少；产量中等，大小年显著，单株平均产量（盛果期）32.5kg；萌芽期4月中旬，开花期5月中上旬，果实采收期10月中旬，落叶期10月下旬。

## 品种评价

抗病，广适性，耐贫瘠，果实可食用。

植株

叶片

花

果实

# 沙里木阿里马
# （长柄）

*Malus pumila* Mill.'Shalimualimachangbing'

调查编号： CAOQFNJX056

所属树种： 苹果 *Malus pumila* Mill.

提 供 人： 木合塔尔
电　　话： 13289953886
住　　址： 新疆农业科学院吐鲁番农业科学研究所

调 查 人： 牛建新
电　　话： 13999533176
单　　位： 石河子大学

调查地点： 新疆维吾尔自治区伊犁哈萨克自治州伊宁县曲鲁海乡

地理数据： GPS数据（海拔：846m，经度：E81°39'51"，纬度：N43°57'14"）

样本类型： 叶片、花、枝条

## 生境信息

来源于当地，生于田间平地，该地为耕地，伴生物种为禾草，影响因子主要有砍伐；土质为砂壤土。pH6.4，种植年限20年，现存5株。

## 植物学信息

### 1. 植株情况

繁殖方法为无性繁殖，树势强，树姿开张，树形圆形。乔木，树高4.0m，冠幅东西5.5m、南北4.5m，干高35.0cm，干周45.0cm；主干灰色，树皮光滑不裂，枝条密。

### 2. 植物学特征

1年生枝条挺直，褐色，平均节间长2.1cm，平均粗0.54cm，嫩梢上茸毛多，灰色，皮孔中等、凸、近圆形；成熟枝条灰褐色；叶芽三角形，茸毛中等，贴附；花芽瘦小，尖卵形，鳞片紧，茸毛中等；成龄叶中等，平均长7.5cm、宽4.2cm；叶片圆形，叶尖圆钝，叶基圆形，叶片浓绿色，叶面光滑，有光泽，叶背茸毛多，叶片锯齿钝，粗、大，齿上无针刺，无腺体；叶姿微折，叶边波状，先端扭曲，与枝条所成角度锐角；叶柄平均长0.8cm，叶柄粗度中等，茸毛中等，颜色微红。

花序总状排列，每花序花数5朵，花瓣数目5片，花冠中等，平均直径3.0cm；花瓣粉红色，卵形；花蕾红色；花梗长度中等，平均长1.6cm，有茸毛，灰白；雄蕊13个，花药浅黄色，花粉量少，雌蕊7个，柱头比雄蕊低，开花较叶发育后。

### 3. 果实性状

果实纵径5.2cm，横径6.1cm；平均单果重90g，最大果重145g，整齐；果实扁圆形，粉红色，条纹短，红色；果面光滑，果粉少，有光泽，无棱起，斑状锈斑；蜡质少，果点中、凸；果梗中，近果端膨大呈肉质，梗洼较深，有锈斑，片状；萼片着生处浅洼，萼洼广，皱状，萼片宿存；果肉乳白色，质地粗，致密，汁液少；风味微酸，味淡，有涩味，品质中等；果心中等，不正形，近萼端；萼筒壶形，小，与心室连通；心室心形，横切面心室半开；种子数6粒；饱秕比例5：1。

### 4. 生物学习性

萌芽力强，发枝力强，新梢一年平均长12.5cm，夏、秋梢生长量9.5cm；生长势中等；果台副梢抽生及连续结果能力中等，全树坐果；坐果力强，生理落果少，采前落果少；产量中等，大小年显著，单株平均产量（盛果期）25kg；萌芽期4月中旬，开花期5月中上旬；果实采收期10月中旬，落叶期10月下旬。

## 品种评价

抗病，广适性，耐贫瘠，果实可食用。

植株

叶片

花

果实

# 斯托罗维

*Malus pumila* Mill.'Situoluowei'

**调查编号：** CAOQFNJX057

**所属树种：** 苹果 *Malus pumila* Mill.

**提供人：** 木合塔尔
电　话： 13289953886
住　址： 新疆农业科学院吐鲁番农
业科学研究所

**调查人：** 牛建新
电　话： 13999533176
单　位： 石河子大学

**调查地点：** 新疆维吾尔自治区伊犁哈萨
克自治州伊宁县曲鲁海乡

**地理数据：** GPS数据（海拔：784m，
经度：E81°38'44"，纬度：N43°56'17"）

**样本类型：** 叶片、花、枝条

## 生境信息

来源于当地，生于田间平地，该地为耕地，伴生物种为禾草，影响因子主要有砍伐；土质为砂壤土。pH6.4，种植年限20年，现存10株。

## 植物学信息

### 1. 植株情况

繁殖方法为无性繁殖，树势强，树姿直立，树形半圆形。乔木，树高3.8m，冠幅东西4.5m、南北4.0m，干高45.0cm，干周40.0cm；主干灰色，树皮光滑不裂，枝条密。

### 2. 植物学特征

1年生枝条挺直，褐色，平均节间长度1.5cm，平均粗0.45cm，嫩梢上茸毛多，灰色，皮孔中等、凸、近圆形；成熟枝条灰褐色；叶芽三角形，茸毛中等，贴附；花芽瘦小，尖卵形，鳞片紧，茸毛中等；成龄叶中等，平均长7.0cm、宽4.2cm；叶片圆形，叶尖圆钝，叶基圆形，叶片浓绿色，叶面光滑，有光泽，叶背茸毛多，叶片锯齿钝，粗、大，齿上无针刺，无腺体；叶姿微折，叶边波状，先端扭曲，与枝条所成角度锐角；叶柄平均长0.8cm，叶柄粗度中等，茸毛中等，颜色微红。

花序总状排列，每花序花数5朵，花瓣数目5片，花冠中等，平均直径2.5cm；花瓣粉红色，卵形；花蕾红色；花梗长度中等，平均长1.5cm，有茸毛，灰白；雄蕊13个，花药浅黄色，花粉量少，雌蕊6个，柱头比雄蕊低，开花较叶发育后。

### 3. 果实性状

果实纵径4.7cm，横径5.6cm；平均单果重100g，最大果重145g，整齐；果实扁圆形，红色，条纹短，红色；果面光滑，果粉少，有光泽，无棱起，斑状锈斑；蜡质少，果点中、凸；果梗中，近果端膨大呈肉质，梗洼较深，有锈斑，片状；萼片着生处浅洼，萼洼广，皱状，萼片宿存；果肉乳白色，质地粗，致密，汁液少；风味微酸，味淡，有涩味，品质中等；果心中等，不正形，近萼端；萼筒壶形，小，与心室连通；心室心形，横切面心室半开；种子数6粒；饱秕比例5：1；最佳食用期10月中旬至11月上旬，能贮至4月下旬。

### 4. 生物学习性

萌芽力强，发枝力强，新梢一年平均长12.3cm，夏、秋梢生长量10.5cm；生长势中等；果台副梢抽生及连续结果能力中等，全树坐果；坐果力强，生理落果少，采前落果少；产量中等，大小年显著，单株平均产量（盛果期）20kg；萌芽期4月中旬，开花期5月中上旬；果实采收期10月中旬，落叶期10月下旬。

## 品种评价

抗病，广适性，耐贫瘠，果实可食用。

植株

花

叶片

果实

# 甜阿波尔特

*Malus pumila* Mill.'Tianaboerte'

调查编号：CAOQFNJX058

所属树种：苹果 *Malus pumila* Mill.

提供人：木合塔尔
电　话：13289953886
住　址：新疆农业科学院吐鲁番农业科学研究所

调查人：牛建新
电　话：13999533176
单　位：石河子大学

调查地点：新疆维吾尔自治区伊犁哈萨克自治州特克斯县二乡

地理数据：GPS数据（海拔：1317m，经度：E81°43'15"，纬度：N43°10'03"）

样本类型：叶片、花、枝条

## 生境信息

来源于当地，生于田间平地，该地为耕地，伴生物种为禾草，影响因子主要有砍伐；土质为砂壤土。pH6.4，种植年限30年，现存5株。

## 植物学信息

### 1. 植株情况

繁殖方法为无性繁殖，树势强，树姿直立，树形半圆形。乔木，树高7.2m，冠幅东西6.5m、南北5.5m，干高55.0cm，干周50.0cm；主干灰色，树皮光滑不裂，枝条密。

### 2. 植物学特征

1年生枝条挺直，红色，平均节间长度2.1cm，平均粗0.54cm，嫩梢上茸毛多，灰色，皮孔中等、凸，近圆形；成熟枝条灰褐色；叶芽三角形，茸毛中等，贴附；花芽瘦小，尖卵形，鳞片紧，茸毛中等；成龄叶中等，平均长7.5cm、宽3.5cm；叶片圆形，叶尖圆钝，叶基圆形，叶片浓绿色，叶面光滑，有光泽，叶背茸毛多，叶片锯齿钝、粗、大，齿上无针刺，无腺体；叶姿微折，叶边波状，先端扭曲，与枝条所成角度锐角；叶柄平均长0.9cm，叶柄粗度中等，茸毛中等，颜色微红。

花序总状排列，每花序花数5朵，花瓣数目5片，花冠中等，平均直径2.5cm；花瓣粉红色，卵形；花蕾红色；花梗长度中等，平均长1.8cm，有茸毛，灰白；雄蕊15个，花药浅黄色，花粉量少，雌蕊6个，柱头比雄蕊低，开花较叶发育后。

### 3. 果实性状

果实纵径5.4cm，横径6.5cm；平均单果重110g，最大果重175g，整齐；果实扁圆形，红色，条纹短，红色；果面光滑，果粉少，有光泽，无棱起，斑状锈斑；蜡质少，果点中、凸；果梗中，近果端膨大呈肉质，梗洼较深，有锈斑，片状；萼片着生处浅洼，萼洼广，皱状，萼片宿存；果肉乳白色，质地粗，致密，汁液少；风味微酸，味淡，有涩味，品质中等；果心中等，不正形，近萼端；萼筒壶形，小，与心室连通；心室心形，横切面心室半开；种子数6粒；饱秕比例5：1。

### 4. 生物学习性

萌芽力强，发枝力强，新梢一年平均长13.3cm，夏、秋梢生长量11.5cm；生长势中等；果台副梢抽生及连续结果能力中等，全树坐果；坐果力强，生理落果少，采前落果少；产量中等，大小年显著，单株平均产量（盛果期）25kg；萌芽期4月中旬，开花期5月中上旬；果实采收期10月中旬，落叶期10月下旬。

## 品种评价

抗病，广适性，耐贫瘠，果实可食用。

生境

花

果实

植株

# 玉赛因

*Malus pumila* Mill.'Yusaiyin'

**调查编号：** CAOQFNJX059

**所属树种：** 苹果 *Malus pumila* Mill.

**提 供 人：** 木合塔尔
**电　　话：** 13289953886
**住　　址：** 新疆农业科学院吐鲁番农业科学研究所

**调 查 人：** 牛建新
**电　　话：** 13999533176
**单　　位：** 石河子大学

**调查地点：** 新疆维吾尔自治区伊犁哈萨克自治州伊宁县吐鲁番于孜乡

**地理数据：** GPS数据（海拔：839m，经度：E81°29'15"，纬度：N44°00'19"）

**样本类型：** 叶片、花、枝条

## 生境信息

来源于当地，生于田间平地，该地为耕地，伴生物种为禾草，影响因子主要有砍伐；土质为砂壤土。pH6.4，种植年限20年，现存20株。

## 植物学信息

### 1. 植株情况

繁殖方法为无性繁殖，树势强，树姿直立，树形半圆形。乔木，树高6.0m，冠幅东西6.3m、南北4.5m，干高40.0cm，干周55.0cm；主干灰色，树皮光滑不裂，枝条密。

### 2. 植物学特征

1年生枝条挺直，红色，平均节间长1.9cm，平均粗0.55cm，嫩梢上茸毛多，灰色，皮孔中等、凸、近圆形；成熟枝条灰褐色；叶芽三角形，茸毛中等，贴附；花芽瘦小，尖卵形，鳞片紧，茸毛中等；成龄叶中等，平均长8.3cm、宽3.7cm；叶片圆形，叶尖圆钝，叶基圆形，叶片浓绿色，叶面光滑，有光泽，叶背茸毛多，叶片锯齿钝，粗、大，齿上无针刺，无腺体；叶姿微折，叶边波状，先端扭曲，与枝条所成角度锐角；叶柄平均长1.2cm，粗度中等，茸毛中等，颜色微红。

花序总状排列，每花序花数5朵，花瓣数目5片，花冠中等，平均直径2.7cm；花瓣粉红色，卵形；花蕾红色；花梗长度中等，平均长1.5cm，有茸毛，灰白；雄蕊11个，花药浅黄色，花粉量少，雌蕊6个，柱头比雄蕊低，开花较叶发育后。

### 3. 果实性状

果实纵径5.6cm，横径6.7cm；平均单果重101g，最大果重160g，整齐；果实扁圆形，红色，条纹短，红色；果面光滑，果粉少，有光泽，无棱起，斑状锈斑；蜡质少，果点中、凸；果梗中，近果端膨大呈肉质，梗洼较深，有锈斑，片状；萼片着生处浅洼，萼洼广，皱状，萼片宿存；果肉乳白色，质地粗，致密，汁液少；风味微酸，味淡，有涩味，品质中等；果心中等，不正形，近萼端；萼筒壶形，小，与心室连通；心室心形，横切面心室半开；种子数6粒；饱秕比例5∶1。

### 4. 生物学习性

萌芽力强，发枝力强，新梢一年平均长11.3cm，夏、秋梢生长量12.5cm；生长势中等；果台副梢抽生及连续结果能力中等，全树坐果；坐果力强，生理落果少，采前落果少；产量中等，大小年显著，单株平均产量（盛果期）22.5kg；萌芽期4月中旬，开花期5月中上旬；果实采收期10月中旬，落叶期10月下旬。

## 品种评价

抗病，广适性，耐贫瘠，果实可食用。

植株

叶片

花

果实

# 玉赛因芽变

*Malus pumila* Mill.'Yusaiyinyabian'

- 调查编号：　CAOQFNJX060

- 所属树种：　苹果 *Malus pumila* Mill.

- 提 供 人：　木合塔尔
  电　　话：　13289953886
  住　　址：　新疆农业科学院吐鲁番农业科学研究所

- 调 查 人：　牛建新
  电　　话：　13999533176
  单　　位：　石河子大学

- 调查地点：　新疆维吾尔自治区伊犁哈萨克自治州伊宁县青年农场

- 地理数据：　GPS数据（海拔：820m，经度：E81°44'31"，纬度：N43°54'24"）

- 样本类型：　叶片、花、枝条

## 生境信息

来源于当地，生于田间平地，该地为耕地，伴生物种为禾草，影响因子主要有砍伐；土质为砂壤土。pH6.4，种植年限10年，现存10株。

## 植物学信息

### 1. 植株情况

繁殖方法为无性繁殖，树势强，树姿直立，树形半圆形。乔木，树高5.4m，冠幅东西7.3m、南北5.5m，干高45.0cm，干周50.0cm；主干灰色，树皮光滑不裂，枝条密。

### 2. 植物学特征

1年生枝条挺直，红色，平均节间长度1.7cm，平均粗0.44cm，嫩梢上茸毛多，灰色，皮孔中等、凸，近圆形；成熟枝条灰褐色；叶芽三角形，茸毛中等，贴附；花芽瘦小，尖卵形，鳞片紧，茸毛中等；成龄叶中等，平均长7.5cm、宽3.5cm；叶片圆形，叶尖圆钝，叶基圆形，叶片浓绿色，叶面光滑，有光泽，叶背茸毛多，叶片锯齿钝、粗、大，齿上无针刺，无腺体；叶姿微折，叶边波状，先端扭曲，与枝条所成角度锐角；叶柄平均长1.1cm，叶柄粗度中等，茸毛中等，颜色微红。

花序总状排列，每花序花数5朵，花瓣数目5片，花冠中等，平均直径2.5cm；花瓣粉红色，卵形；花蕾红色；花梗长度中等，平均长1.5cm，有茸毛，灰白；雄蕊15个，花药浅黄色，花粉量少，雌蕊6个，柱头比雄蕊低，开花较叶发育后。

### 3. 果实性状

果实纵径6.1cm，横径7.7cm；平均单果重100g，最大果重150g，不整齐；果实扁圆形，红色，条纹短、红色；果面光滑，果粉少，有光泽，无棱起，斑状锈斑；蜡质少，果点中、凸；果梗中，近果端膨大呈肉质，梗洼较深，有锈斑，片状；萼片着生处浅洼，萼洼广、皱状，萼片宿存；果肉乳白色，质地粗、致密，汁液少；风味微酸，味淡，有涩味，品质下等；果心小，不正形，近萼端；萼筒壶形、小，与心室连通；心室心形，横切面心室半开；种子数8粒；饱秕比例7∶1。

### 4. 生物学习性

萌芽力强，发枝力强，新梢一年平均长10.5cm，夏、秋梢生长量10.5cm；生长势中等；果台副梢抽生及连续结果能力中等，全树坐果；坐果力强，生理落果少，采前落果少；产量中等，大小年显著，单株平均产量（盛果期）25kg；萌芽期4月中旬，开花期5月中上旬；果实采收期10月中旬，落叶期10月下旬。

## 品种评价

抗病，广适性，耐贫瘠，果实可食用。

植株

叶片

花

果实

# 吴薛秋

*Malus pumila* Mill.'Wuxueqiu'

调查编号：CAOQFLWM015

所属树种：苹果 *Malus pumila* Mill.

提 供 人：李维民
电　　话：15034556814
住　　址：山西省运城市万荣县贾村
乡吴薛村

调 查 人：曹秋芬
电　　话：13753480017
单　　位：山西省农业科学院生物技
术研究中心

调查地点：山西省运城市万荣县贾村
乡西吴薛村

地理数据：GPS数据（海拔：677m，
经度：E110°39'7.9"，纬度：N35°21'59.1"）

样本类型：叶片、花、枝条

## 生境信息

来源于当地，生于田间平地，该地为耕地，伴生物种为禾草，影响因子主要有砍伐；土质为砂壤土。pH6.4，种植年限60年，现存1株。

## 植物学信息

### 1. 植株情况

繁殖方法为无性繁殖，树势强，树姿直立，树形半圆形。乔木，树高4.0m，冠幅东西6.1m、南北4.5m，干高50.0cm，干周75.0cm；主干灰色，树皮光滑不裂，枝条密。

### 2. 植物学特征

1年生枝条挺直，红色，平均节间长度2.7cm，平均粗0.44cm，嫩梢上茸毛多，灰色，皮孔中等、凸，近圆形；成熟枝条灰褐色；叶芽三角形，茸毛中等，贴附；花芽瘦小，尖卵形，鳞片紧，茸毛中等；成龄叶大，平均长9.0cm、宽6.5cm；叶片圆形，叶尖圆钝，叶基圆形，叶片浓绿色，叶面光滑，有光泽，叶背茸毛多，叶片锯齿钝，粗、大，齿上无针刺，无腺体；叶姿微折，叶边波状，先端扭曲，与枝条所成角度锐角；叶柄平均长2.5cm，叶柄粗度中等，茸毛中等，颜色微红。

花序总状排列，每花序花数5朵，花瓣数目5片，花冠中等，平均直径3.0cm；花瓣粉红色，卵形；花蕾红色；花梗长度中等，平均长1.5cm，有茸毛，灰白；雄蕊11个，花药浅黄色，花粉量少，雌蕊6个，柱头比雄蕊低，开花较叶发育后。

### 3. 果实性状

果实纵径6.3cm，横径6.7cm；平均单果重100g，最大果重141g，不整齐；果实扁圆形，红色，条纹短，红色；果面光滑，果粉少，有光泽，无棱起，斑状锈斑；蜡质少，果点中、凸；果梗中，近果端膨大呈肉质，梗洼较深，有锈斑，片状；萼片着生处浅洼，萼洼广，皱状，萼片宿存；果肉乳白色，质地粗，致密，汁液少；风味微酸，味淡，有涩味，品质下等；果心小，不正形，近萼端；萼筒壶形，小，与心室连通；心室心形，横切面心室半开；种子数8粒；饱秕比例7：1。

### 4. 生物学习性

萌芽力强，发枝力强，新梢一年平均长12.5cm，夏、秋梢生长量11.4cm；生长势中等；果台副梢抽生及连续结果能力中等，全树坐果；坐果力强，生理落果少，采前落果少；产量中等，大小年显著，单株平均产量（盛果期）20kg；萌芽期4月中旬，开花期5月中上旬；果实采收期10月中旬，落叶期10月下旬。

## 品种评价

抗病，广适性，耐贫瘠，果实可食用。

生境

叶片

花

果实

# 金家岗扁黄

*Malus pumila* Mill.'Jinjiagangbianhuang'

○ 调查编号：LITZSHW003

■ 所属树种：苹果 *Malus pumila* Mill.

■ 提供人：于权
　　电　话：13204452226
　　住　址：吉林省九台市波泥河镇金
　　　　　家岗村

■ 调查人：宋宏伟
　　电　话：13843426693
　　单　位：吉林省农业科学院果树研
　　　　　究所

◆ 调查地点：吉林省九台市波泥河镇金
　　　　　家岗村

◆ 地理数据：GPS数据（海拔：336m，
　　　　　经度：E125°52′13.01″，纬度：N43°52′41.52″）

▣ 样本类型：枝条、叶片、花、果实

## 生境信息

来源于当地，生于田间中坡度为15°的坡地，坡向东南，土壤质地为砂壤土。种植年限10年，现存2株，种植农户为1户。

## 植物学信息

### 1. 植株情况

繁殖方法为嫁接，树势弱，树姿直立，树形纺锤形。乔木，树高5m，冠幅东西3m、南北3.5m，干高1.2m，干周42cm；主干褐色，树皮丝状裂；枝条密度中等。

### 2. 植物学特征

1年生枝条形状曲折，黄色，长度中等，节间平均长3.15cm；粗度中等，平均粗1.1cm；嫩梢上茸毛多，灰色，皮孔中等、凸、近圆形；成熟枝条灰褐色；叶芽中等、卵圆形；茸毛中等，贴附；花芽肥大，尖卵形，鳞片紧，茸毛中等；成龄叶中等，叶片中等，长8.9cm、宽5.2cm；叶片卵形，叶尖锐尖，浓绿色；叶缘钝锯齿；叶基圆形，叶面光滑，有光泽，叶背茸毛多，叶缘复锯齿，钝、粗、大，齿上无针刺，无腺体；叶姿微折，叶边波状，先端扭曲，与枝条所成角度锐角；叶柄平均长1.5cm，叶柄粗度中等，茸毛中等，颜色微红。

花序伞房状排列，每花序花数5朵，花瓣数目5片，花冠中等，平均直径1.8cm；花瓣粉红色，卵形；花蕾红色；花梗长度中等，平均长1.6cm，有茸毛，灰白；雄蕊13个，花药红色，花粉量少，雌蕊6个，柱头比雄蕊低，开花较叶发育后。

### 3. 果实性状

果实纵径3.5cm，横径4.5cm；平均重38g，最大果重52g；不整齐；果实扁圆形，绿黄色，条纹长短相间，红色；果面光滑；果粉少，无光泽，无棱起，无锈斑；蜡质少，果点少、小、平；果梗中、细，近果端膨大呈肉质；梗洼深、广，锈斑无；萼片着生处浅洼；萼洼广，隆起；萼片脱落；果肉淡黄；果肉质地细，致密，脆，汁液少；风味淡而微甜，味浓郁，香气微香；品质下等；果心中，正形，位于近萼端中位；萼筒圆锥形，中，与心室连通；心室卵形，无絮状物；横切面心室闭；种子数9粒。可溶性固形物含量13.3%。

### 4. 生物学习性

萌芽力强，发枝力强，新梢一年平均长13.2cm，夏、秋梢生长量11.5cm；生长势中等；果台副梢抽生及连续结果能力中等，全树坐果；坐果力强，生理落果少，采前落果少；4年开始结果，7~8年进入盛果期，坐果力强，生理落果少，采前落果少，丰产，大小年不显著，盛果期单株产量15kg，萌芽期3月中旬，开花期4月上旬；果实采收期9月下旬，落叶期11月中旬。

## 品种评价

抗病，广适性，耐贫瘠。

生境

植株

花

叶片

果实

# 金家岗脆果

*Malus pumila* Mill.'Jinjiagangcuiguo'

调查编号：LITZSHW001

所属树种：苹果 *Malus pumila* Mill.

提 供 人：于权
电　　话：13204452226
住　　址：吉林省九台市波泥河镇金家岗村

调 查 人：宋宏伟
电　　话：13843426693
单　　位：吉林省农业科学院果树研究所

调查地点：吉林省九台市波泥河镇金家岗村

地理数据：GPS数据（海拔：336m，经度：E125°52'13.01"，纬度：N43°52'41.52"）

样本类型：枝条、叶片、花、果实

## 生境信息

来源于当地，生于田间中坡度为15°的坡地，坡向东南，土壤质地为砂壤土。种植年限10年，现存2株。

## 植物学信息

### 1. 植株情况

繁殖方法为嫁接，树势弱，树姿直立，树形纺锤形。乔木，树高5m，冠幅东西3m、南北3.5m，干高1.2m，干周43cm；主干褐色，树皮丝状裂；枝条密度中等。

### 2. 植物学特征

1年生枝条形状曲折，黄色，长度中等，节间平均长2.78cm；粗度中等，平均粗1.0cm；嫩梢上茸毛多，灰色，皮孔中等、凸、近圆形；成熟枝条灰褐色；叶芽中等，三角形；茸毛中等，贴附；花芽肥大，尖卵形，鳞片紧，茸毛中等；成龄叶中等，叶片中等，长10.3cm、宽6.4cm；叶片卵形，叶尖锐尖，浓绿色；叶缘钝锯齿；叶基圆形，叶面光滑，有光泽，叶背茸毛多，叶缘复锯齿，钝、粗、大，齿上无针刺，无腺体；叶姿微折，叶边波状，先端扭曲，与枝条所成角度锐角；叶柄平均长1.5cm，叶柄粗度中等，茸毛中等，颜色微红。

花序伞房状排列，每花序花数5朵，花瓣数目5片，花冠中等，平均直径1.8cm；花瓣粉红色，卵形；花蕾红色；花梗长度中等，平均长1.6cm，有茸毛，灰白；雄蕊13个，花药红色，花粉量少，雌蕊6个，柱头比雄蕊低，开花较叶发育后。

### 3. 果实性状

果实纵径4.0cm，横径3.0cm；平均重22g，最大果重35g；不整齐；果实扁圆形，绿色，条纹长短相间，红色；果面光滑；果粉少，无光泽，无棱起，无锈斑；蜡质少，果点少、小、平；果梗中、细，近果端膨大呈肉质；梗洼深、广，锈斑无；萼片着生处浅洼；萼洼广，隆起；萼片脱落；果肉乳白色，质地细，致密，脆，汁液少；风味酸甜适中，味淡，香气微香；品质下等；果心中等，正形，位于近萼端中位；萼筒圆锥形，中，与心室连通；心室卵形，无絮状物；横切面心室闭；种子数6粒。可溶性固形物含量11.2%。

### 4. 生物学习性

萌芽力强，发枝力强，新梢一年平均长13.2cm，夏、秋梢生长量11.5cm；生长势中等；果台副梢抽生及连续结果能力中等，全树坐果；坐果力强，生理落果少，采前落果少；4年开始结果，7~8年进入盛果期，坐果力强，生理落果少，采前落果少，丰产，大小年不显著，盛果期单株产量15kg，萌芽期3月中旬，开花期4月上旬；果实采收期9月下旬，落叶期11月中旬。

## 品种评价

抗病，广适性，耐贫瘠，果实可食用。

植株

叶片

花

果实

# 富锦 17 号

*Malus pumila* Mill.'Fujin 17'

调查编号：LITZSHW006

所属树种：苹果 *Malus pumila* Mill.

提 供 人：张立文
电　　话：18240418180
住　　址：黑龙江省富锦市城关社区富华村

调 查 人：宋宏伟
电　　话：13843426693
单　　位：吉林省农业科学院果树研究所

调查地点：黑龙江省富锦市城关社区富华村

地理数据：GPS数据（海拔：65m，经度：E132°02′33.30″，纬度：N47°15′24.52″）

样本类型：枝条、叶片、花、果实

## 生境信息

来源于当地，生于田间的平地，影响因子主要有砍伐，修路。种植年限12年，现存2株。

## 植物学信息

### 1. 植株情况

繁殖方法为嫁接，树势弱，树姿直立，树形纺锤形。乔木，树高5.2m，冠幅东西3.8m、南北3.7m，干高1.0m，干周46cm；主干褐色，树皮丝状裂；枝条中等密度。

### 2. 植物学特征

1年生枝条形状曲折，黄色，长度中等，节间平均长2.82cm；粗度中等，平均粗0.8cm；嫩梢上茸毛多，灰色，皮孔中等、凸，近圆形；成熟枝条灰褐色；叶芽中等，三角形；茸毛中等，贴附；花芽肥大，球形，鳞片紧，茸毛中等；成龄叶中等，叶片中等，长9.9cm、宽6.8cm；叶片卵形，叶尖锐尖，浓绿色；叶缘钝锯齿；叶基圆形，叶面光滑，有光泽，叶背茸毛多，叶缘复锯齿，钝、粗、大，齿上无针刺，无腺体；叶姿微折，叶边波状，先端扭曲，与枝条所成角度锐角；叶柄平均长1.5cm，叶柄粗度中等，茸毛中等，颜色微红。

花序伞房状排列，每花序花数5朵，花瓣数目5片，花冠中等，平均直径1.8cm；花瓣粉红色，卵形；花蕾红色；花梗长度中等，平均长1.6cm，有茸毛，灰白；雄蕊13个，花药红色，花粉量少，雌蕊6个，柱头比雄蕊低，开花较叶发育后。

### 3. 果实性状

果实纵径3.8cm，横径3.9cm；平均重32g，最大果重47g，整齐；果实扁圆形，红色，条纹长短相间，红色；果面光滑；果粉少，无光泽，无棱起，无锈斑；蜡质少，果点少、小、平；果梗中、细，近果端膨大呈肉质；梗洼深、广，锈斑无；萼片着生处浅洼，萼洼广，隆起；萼片脱落；果肉乳白色，质地细，致密，脆，汁液少；风味味淡微甜，品质下等；果心大，正形，位于近萼端中位；萼筒圆锥形，中，与心室连通；心室卵形，无絮状物；横切面心室闭；种子数8粒。可溶性固形物含量12.8%。

### 4. 生物学习性

萌芽力强，发枝力强，新梢一年平均长12.2cm，夏、秋梢生长量13.5cm；生长势中等；果台副梢抽生及连续结果能力中等，全树坐果；坐果力强，生理落果少，采前落果少；4年开始结果，7~8年进入盛果期，丰产，大小年不显著，盛果期单株产量25kg，萌芽期3月中旬，开花期4月上旬；果实采收期9月下旬，落叶期11月中旬。

## 品种评价

抗病，广适性，耐贫瘠，果实可食用。

植株

叶片

花

果实

# 富锦冻果

*Malus pumila* Mill.'Fujindongguo'

- 调查编号：LITZSHW005

- 所属树种：苹果 *Malus pumila* Mill.

- 提 供 人：张立文
  电　　话：18240418180
  住　　址：黑龙江省富锦市城关社区
  富华村

- 调 查 人：宋宏伟
  电　　话：13843426693
  单　　位：吉林省农业科学院果树研
  究所

- 调查地点：黑龙江省富锦市城关社区
  富华村

- 地理数据：GPS数据（海拔：65m，
  经度：E132°02'33.30"，纬度：N47°15'24.53"）

- 样本类型：枝条、叶片、花、果实

## 生境信息

来源于当地，生于田间的平地，影响因子主要有砍伐，修路。种植年限12年，现存2株。

## 植物学信息

### 1. 植株情况
繁殖方法为嫁接，树势弱，树姿直立，树形纺锤形。乔木，树高4.5m，冠幅东西3.5m、南北3.6m，干高1.0m，干周46cm；主干褐色，树皮丝状裂，枝条中等密度。

### 2. 植物学特征
1年生枝条形状曲折，黄色，长度中等，节间平均长2.9cm；粗度中等，平均粗1.1cm；嫩梢上茸毛多，灰色，皮孔中等、凸，近圆形；成熟枝条灰褐色；叶芽中等，三角形；茸毛中等，贴附；花芽肥大，尖卵形，鳞片紧，茸毛中等；成龄叶中等，叶片中等，长9.7cm、宽6.5cm；叶片卵形，叶尖锐尖，浓绿色；叶缘钝锯齿；叶基圆形，叶面光滑，有光泽，叶背茸毛多，叶缘复锯齿，钝、粗、大，齿上无针刺，无腺体；叶姿微折，叶边波状，先端扭曲，与枝条所成角度锐角；叶柄平均长1.5cm，叶柄粗度中等，茸毛中等，颜色微红。

花序伞房状排列，每花序花数5朵，花瓣数目5片，花冠中等，平均直径1.8cm；花瓣粉红色，卵形；花蕾红色；花梗长度中等，平均长1.6cm，有茸毛，灰白；雄蕊13个，花药红色，花粉量少，雌蕊6个，柱头比雄蕊低，开花较叶发育后。

### 3. 果实性状
果实纵径2.8cm，横径3.1cm；平均重18g，最大果重27g，不整齐；果实扁圆形，绿色，条纹长短相间，红色；果面光滑；果粉少，无光泽，无棱起，无锈斑；蜡质少，果点少、小、平；果梗中、细，近果端膨大呈肉质；梗洼深、广，锈斑无；萼片着生处浅洼，萼洼广，隆起，萼片脱落；果肉乳白色，质地细；致密，脆，汁液少；味淡而微甜，品质下等；果心大，正形，位于近萼端中位；萼筒圆锥形，中，与心室连通；心室卵形，无絮状物；横切面心室闭；种子数7粒。可溶性固形物含量13.2%。

### 4. 生物学习性
萌芽力强，发枝力中等，新梢一年平均长8.0cm，夏、秋梢生长量8.5cm；生长势中等；果台副梢抽生及连续结果能力中等，全树坐果；坐果力强，生理落果少，采前落果少；4年开始结果，7～8年进入盛果期，丰产，大小年不显著，盛果期单株产量17.5kg，萌芽期3月中旬，开花期4月上旬；果实采收期9月下旬，落叶期11月中旬。

## 品种评价

抗病，广适性，耐贫瘠。

植株

叶腊

花

果实

# 黑石大果

*Malus pumila* Mill.'Heishidaguo'

调查编号：LITZSHW011

所属树种：苹果 *Malus pumila* Mill.

提供人：王志来
电　话：13123674587
住　址：吉林省磐石市宝山乡北锅盔村

调查人：宋宏伟
电　话：13843426693
单　位：吉林省农业科学院果树研究所

调查地点：吉林省磐石市黑石镇腰街村

地理数据：GPS数据（海拔：278m，经度：E126°29'17.85"，纬度：N42°49'48.89"）

样本类型：枝条、叶片、花、果实

## 生境信息

来源于当地，生于田间的平地，影响因子主要有砍伐，修路。种植年限10年，现存1株。

## 植物学信息

### 1. 植株情况

繁殖方法为嫁接，树势弱，树姿直立，树形纺锤形。乔木，树高5.8m，冠幅东西3.9m、南北4.2m，干高1.0m，干周45cm；主干褐色，树皮丝状裂；枝条中等密度。

### 2. 植物学特征

1年生枝条形状曲折，黄色，长度中等，节间平均长3.92cm；粗度中等，平均粗1.1cm；嫩梢上茸毛多，灰色，皮孔中等、凸，近圆形；成熟枝条灰褐色；叶芽中等，卵圆形；茸毛中等，贴附；花芽肥大，球形，鳞片紧，茸毛中等；成龄叶中等，叶片中等，长10.6cm、宽10.5cm；叶片卵形，叶尖锐尖，浓绿色；叶缘钝锯齿；叶基圆形，叶面光滑，有光泽，叶背茸毛多，叶缘复锯齿，钝，粗、大，齿上无针刺，无腺体；叶姿微折，叶边波状，先端扭曲，与枝条所成角度锐角；叶柄平均长1.5cm，叶柄粗度中等，茸毛中等，颜色微红。

花序伞房状排列，每花序花数5朵，花瓣数目5片，花冠中等，平均直径1.8cm；花瓣粉红色，卵形；花蕾红色；花梗长度中等，平均长1.6cm，有茸毛，灰白；雄蕊13个，花药红色，花粉量少，雌蕊6个，柱头比雄蕊低，开花较叶发育后。

### 3. 果实性状

果实纵径1.3cm，横径1.6cm；平均重9.0g，最大果重10.0g，整齐；果实扁圆形，红色，条纹长短相间，红色；果面光滑；果粉少，无光泽，无棱起，无锈斑；蜡质少，果点少、小、平；果梗中、细，近果端膨大呈肉质；梗洼深、广，锈斑无；萼片着生处浅洼；萼洼广，隆起，萼片脱落；果肉浅绿色，质地细，致密，脆；汁液中等，味淡，品质下等；果心中等，正形，位于近萼端中位；萼筒圆锥形，中，与心室连通；心室卵形，无絮状物；横切面心室闭；种子数6粒。可溶性固形物含量7.4%。

### 4. 生物学习性

萌芽力强，发枝力中等，新梢一年平均长7.0cm，夏、秋梢生长量7.5cm；生长势中等；果台副梢抽生及连续结果能力中等，全树坐果；坐果力强，生理落果少，采前落果少；4年开始结果，7~8年进入盛果期，丰产，大小年不显著，盛果期单株产量22.5kg，萌芽期3月中旬，开花期4月上旬；果实采收期9月下旬，落叶期11月中旬。

## 品种评价

抗病，广适性，耐贫瘠，果实可食用。

植株

叶片

花

果实

# 鸡西 1 号

*Malus pumila* Mill.'Jixi 1'

🔖 调查编号：LITZSHW004

🏷 所属树种：苹果 *Malus pumila* Mill.

📄 提 供 人：范西德
电　　话：15838273415
住　　址：黑龙江省鸡西市朝阳果树场

📠 调 查 人：宋宏伟
电　　话：13843426693
单　　位：吉林省农业科学院果树研究所

📍 调查地点：黑龙江省鸡西市鸡冠区红星乡果树示范场

🌐 地理数据：GPS数据（海拔：198m，经度：E131°00'36.50"，纬度：N45°15'29.11"）

🖼 样本类型：枝条、叶片、花、果实

## 🗂 生境信息

来源于当地，生于田间的平地，影响因子主要有砍伐，修路。种植年限10年，现存2株。

## 📋 植物学信息

### 1. 植株情况

繁殖方法为嫁接，树势弱，树姿直立，树形纺锤形。乔木，树高4.8m，冠幅东西3.8m、南北3.7m，干高1.0m，干周48cm；主干褐色，树皮丝状裂；枝条中等密度。

### 2. 植物学特征

1年生枝条形状曲折，黄色，长度中等，节间平均长2.8cm；粗度中等，平均粗1.0cm；嫩梢上茸毛多，灰色，皮孔中等、凸，近圆形；成熟枝条灰褐色；叶芽中等，卵圆形；茸毛中等，贴附；花芽肥大，球形，鳞片紧，茸毛中等；成龄叶中等，叶片中等，长8.6cm、宽5.2cm；叶片卵形，叶尖锐尖，浓绿色；叶缘钝锯齿；叶基圆形，叶面光滑，有光泽，叶背茸毛多，叶缘复锯齿，钝、粗、大，齿上无针刺，无腺体；叶姿微折，叶边波状，先端扭曲，与枝条所成角度锐角；叶柄平均长1.5cm，叶柄粗度中等，茸毛中等，颜色微红。

花序伞房状排列，每花序花数5朵，花瓣数目5片，花冠中等，平均直径1.8cm；花瓣粉红色，卵形；花蕾红色；花梗长度中等，平均长1.6cm，有茸毛，灰白；雄蕊13个，花药红色，花粉量少，雌蕊6个，柱头比雄蕊低，开花较叶发育后。

### 3. 果实性状

果实纵径6.6cm，横径6.9cm；平均单果重8.9g，最大果重10.2g，整齐；果实卵圆形，红色，条纹长短相间，红色；果面光滑；果粉少，无光泽，无棱起，无锈斑；蜡质少，果点少、小、平；果梗中、细，近果端膨大呈肉质；梗洼深、广，锈斑无；萼片着生处浅洼；萼洼广，隆起，萼片脱落；果肉黄白色，质地细，致密，脆；汁液中等，味淡，品质下等；果心中，正形，位于近萼端中位；萼筒圆锥形，中，与心室连通；心室卵形，无絮状物；横切面心室闭；种子数9粒。可溶性固形物含量11.8%。

### 4. 生物学习性

萌芽力强，发枝力中等，新梢一年平均长7.0cm，夏、秋梢生长量7.5cm；生长势中等；果台副梢抽生及连续结果能力中等，全树坐果；坐果力强，生理落果少，采前落果少；4年开始结果，7~8年进入盛果期，丰产，大小年不显著，盛果期单株产量17.5kg，萌芽期3月中旬，开花期4月上旬；果实采收期9月下旬，落叶期11月中旬。

## 📑 品种评价

抗病，广适性，耐贫瘠。

植株

花

叶片

果实

# 鸡西 2 号

*Malus pumila* Mill.'Jixi 2'

调查编号：LITZSHW014

所属树种：苹果 *Malus pumila* Mill.

提 供 人：范西德
电　　话：15838273415
住　　址：黑龙江省鸡西市朝阳果树场

调 查 人：宋宏伟
电　　话：13843426693
单　　位：吉林省农业科学院果树研究所

调查地点：黑龙江省鸡西市鸡冠区红星乡果树示范场

地理数据：GPS数据（海拔：198m，经度：E131°00'36.50"，纬度：N45°15'29.11"）

样本类型：枝条、叶片、花、果实

## 生境信息

来源于当地，生于田间的平地，影响因子主要有砍伐，修路。种植年限5年，现存22株。

## 植物学信息

### 1. 植株情况

繁殖方法为嫁接，树势弱，树姿直立，树形半圆形。乔木，树高2.8m，冠幅东西2.8m、南北2.7m，干高1.0m，干周35cm；主干褐色，树皮丝状裂；枝条中等密度。

### 2. 植物学特征

1年生枝条形状挺直，黄色，长度中等，节间平均长2.8cm；粗度中等，平均粗1.0cm；嫩梢上茸毛多，灰色，皮孔中等、凸，近圆形；成熟枝条灰褐色；叶芽中等，卵圆形；茸毛中等，贴附；花芽肥大，球形，鳞片紧，茸毛中等；成龄叶中等，叶片中等，长9.9cm、宽5.7cm；叶片卵形，叶尖锐尖，浓绿色；叶缘钝锯齿；叶基圆形，叶面光滑，有光泽，叶背茸毛多，叶缘复锯齿，钝，粗、大，齿上无针刺，无腺体；叶姿微折，叶边波状，先端扭曲，与枝条所成角度锐角；叶柄平均长1.7cm，叶柄粗度中等，茸毛中等，颜色微红。

花序伞房状排列，每花序花数5朵，花瓣数目5片，花冠中等，平均直径2.2cm；花瓣粉红色，卵形；花蕾红色；花梗长度中等，平均长1.4cm，有茸毛，灰白；雄蕊11个，花药红色，花粉量少，雌蕊6个，柱头比雄蕊低，开花较叶发育后。

### 3. 果实性状

果实纵径4.6cm，横径5.9cm；平均重7.8g，最大果重9.2g，整齐；果实卵圆形，红色，条纹长短相间，红色；果面光滑；果粉少，无光泽，无棱起，无锈斑；蜡质少，果点少、小、平；果梗中、细，近果端膨大呈肉质；梗洼深、广，锈斑无，萼片着生处浅洼；萼洼广，隆起，萼片脱落；果肉黄白色，质地细，致密，脆；汁液中等，味淡，品质下等；果心中，正形，位于近萼端中位；萼筒圆锥形，中，与心室连通；心室卵形，无絮状物；横切面心室闭；种子数8粒。可溶性固形物含量12.8%。

### 4. 生物学习性

萌芽力强，发枝力中等，新梢一年平均长7.3cm，夏、秋梢生长量8.5cm；生长势中等；果台副梢抽生及连续结果能力中等，全树坐果；坐果力强，生理落果少，采前落果少；4年开始结果，7~8年进入盛果期，丰产，大小年不显著，盛果期单株产量22.5kg，萌芽期3月中旬，开花期4月上旬；果实采收期9月下旬，落叶期11月中旬。

## 品种评价

抗病，广适性，耐贫瘠，果实可食用；主要病虫害种类为梨小食心虫。

植株

叶片

花

果实

# 鸡西不落果

*Malus pumila* Mill.'Jixibuluoguo'

调查编号： LITZSHW009

所属树种： 苹果 *Malus pumila* Mill.

提 供 人： 范西德
电　　话： 15838273415
住　　址： 黑龙江省鸡西市朝阳果树场

调 查 人： 宋宏伟
电　　话： 13843426693
单　　位： 吉林省农业科学院果树研究所

调查地点： 黑龙江省鸡西市鸡冠区红星乡果树示范场

地理数据： GPS数据（海拔：198m，经度：E131°00'36.50"，纬度：N45°15'29.11"）

样本类型： 枝条、叶片、花、果实

## 生境信息

来源于当地，生于田间中坡度为15°的坡地，坡向东南，影响因子主要有砍伐，修路。种植年限10年，现存2株。

## 植物学信息

### 1. 植株情况

繁殖方法为嫁接，树势弱，树姿直立，树形纺锤形。乔木，树高4.5m，冠幅东西3.3m、南北3.6m，干高1.0m，干周42cm；主干褐色，树皮丝状裂；枝条中等密度。

### 2. 植物学特征

1年生枝条形状曲折，褐色，长度中等，节间平均长2.9cm；粗度中等，平均粗1.1cm；嫩梢上茸毛多，灰色，皮孔中等、中等、凸，近圆形；成熟枝条灰褐色；叶芽中等，卵圆形；茸毛中等，贴附；花芽肥大，尖卵形，鳞片紧，茸毛中等；成龄叶中等，叶片中等，长9.8cm、宽6.3cm；叶片卵形，叶尖锐尖，浓绿色；叶缘钝锯齿；叶基圆形，叶面光滑，有光泽，叶背茸毛多，叶缘复锯齿，钝，粗、大，齿上无针刺，无腺体；叶姿微折，叶边波状，先端扭曲，与枝条所成角度锐角；叶柄平均长1.7cm，叶柄粗度中等，茸毛中等，颜色微红。

花序伞房状排列，每花序花数5朵，花瓣数目5片，花冠中等，平均直径2.2cm；花瓣粉红色，卵形；花蕾红色；花梗长度中等，平均长1.4cm，有茸毛，灰白；雄蕊11个，花药红色，花粉量少，雌蕊6个，柱头比雄蕊低，开花较叶发育后。

### 3. 果实性状

果实纵径3.6cm，横径3.9cm；平均重3.8g，最大果重4.9g，整齐；果实扁圆形，红色，条纹长短相间，红色；果面光滑；果粉少，无光泽，无棱起，无锈斑；蜡质少，果点少、小、平；果梗中、细，近果端膨大呈肉质；梗洼深、广，锈斑无；萼片着生处浅洼，萼洼广，隆起，萼片脱落；果肉黄白色，质地细，致密，脆；汁液中等，味淡，品质上等；果心中等，正形，位于近萼端中位；萼筒圆锥形，中，与心室连通；心室卵形，无絮状物；横切面心室闭；种子数9粒。可溶性固形物含量12.8%。

### 4. 生物学习性

萌芽力强，发枝力强，新梢一年平均长11.3cm，夏、秋梢生长量10.5cm；生长势中等；果台副梢抽生及连续结果能力中等，全树坐果；坐果力强，生理落果少，采前落果少；4年开始结果，7～8年进入盛果期，丰产，大小年不显著，盛果期单株产量22.5kg，萌芽期3月中旬，开花期4月上旬；果实采收期9月下旬，落叶期11月中旬。

## 品种评价

抗病，广适性，耐贫瘠，果实可食用；对寒、旱、涝、瘠、盐、风、日灼等恶劣环境有较强抵抗能力。

植株

叶片

花

果实

# 鸡西小果

*Malus pumila* Mill.'Jixixiaoguo'

调查编号：LITZSHW012

所属树种：苹果 *Malus pumila* Mill.

提供人：范西德
电　话：15838273415
住　址：黑龙江省鸡西市朝阳果树场

调查人：宋宏伟
电　话：13843426693
单　位：吉林省农业科学院果树研究所

调查地点：黑龙江省鸡西市鸡冠区红星乡果树示范场

地理数据：GPS数据（海拔：198m，经度：E131°00'36.50"，纬度：N45°15'29.11"）

样本类型：枝条、叶片、花、果实

## 生境信息

来源于当地，生于田间的平地，影响因子主要有砍伐，修路。种植年限5年，现存2株。

## 植物学信息

### 1. 植株情况

树势弱，树姿直立，树形纺锤形。乔木，树高2.8m，冠幅东西2.8m、南北2.7m，干高1.0m，干周35cm；主干褐色，树皮丝状裂；枝条中等密度。

### 2. 植物学特征

1年生枝条形状挺直，褐色，长度中等，节间平均长3.2cm；粗度中等，平均粗1.1cm；嫩梢上茸毛多，灰色，皮孔中等、凸，近圆形；成熟枝条灰褐色；叶芽中等，卵圆形；茸毛中等，贴附；花芽肥大，尖卵形，鳞片紧，茸毛中等；成龄叶中等，叶片中等，长9.2cm、宽6.3cm；叶片卵形，叶尖锐尖，浓绿色；叶缘钝锯齿；叶基圆形，叶面光滑，有光泽，叶背茸毛多，叶缘复锯齿，钝，粗、大，齿上无针刺，无腺体；叶姿微折，叶边波状，先端扭曲，与枝条所成角度锐角；叶柄平均长1.7cm，叶柄粗度中等，茸毛中等，颜色微红。

花序伞房状排列，每花序花数5朵，花瓣数目5片，花冠中等，平均直径2.2cm；花瓣粉红色，卵形；花蕾红色；花梗长度中等，平均长1.4cm，有茸毛，灰白；雄蕊11个，花药红色，花粉量少，雌蕊6个，柱头比雄蕊低，开花较叶发育后。

### 3. 果实性状

果实纵径2.8cm，横径2.9cm；平均重3.1g，最大果重3.4g，整齐；果实卵圆形，红色，条纹长短相间，红色；果面光滑；果粉少，无光泽，无棱起，无锈斑；蜡质少，果点少、小、平；果梗中、细，近果端膨大呈肉质；梗洼深、广，锈斑无；萼片着生处浅洼，萼洼广，隆起，萼片脱落；果肉黄白色，质地细，致密，脆；汁液中等，味淡，品质下等；果心中，正形，位于近萼端中位；萼筒圆锥形，中，与心室连通；心室卵形，无絮状物；横切面心室闭；种子数9粒。可溶性固形物含量11.8%。

### 4. 生物学习性

萌芽力强，发枝力强，新梢一年平均长13.3cm，夏、秋梢生长量13.5cm；生长势中等；果台副梢抽生及连续结果能力中等，全树坐果；坐果力强，生理落果少，采前落果少；4年开始结果，7~8年进入盛果期，丰产，大小年不显著，盛果期单株产量22.5kg，萌芽期3月中旬，开花期4月上旬；果实采收期9月下旬，落叶期11月中旬。

## 品种评价

抗病，广适性，耐贫瘠，果实可食用；对寒、旱、涝、瘠、盐、风、日灼等恶劣环境有较强抵抗能力。

植株

叶片

花

果实

# 鸡西小苹果

*Malus pumila* Mill.'Jixixiaopingguo'

调查编号：LITZSHW008

所属树种：苹果 *Malus pumila* Mill.

提供人：范西德
电　话：15838273415
住　址：黑龙江省鸡西市朝阳果树场

调查人：宋宏伟
电　话：13843426693
单　位：吉林省农业科学院果树研究所

调查地点：黑龙江省鸡西市鸡冠区红星乡果树示范场

地理数据：GPS数据（海拔：198m，经度：E131°00'36.50"，纬度：N45°15'29.11"）

样本类型：枝条、叶片、花、果实

## 生境信息

来源于当地，生于田间中坡度为15°的坡地，坡向东南，影响因子主要有砍伐，修路。种植年限10年，现存2株。

## 植物学信息

### 1.植株情况

树势弱，树姿直立，树形纺锤形。乔木，树高4.5m，冠幅东西3m、南北3.5m，干高1.0m，干周46cm；主干褐色，树皮丝状裂；枝条中等密度。

### 2.植物学特征

多年生枝条灰褐色，1年生枝条形状曲折，褐色，长度中等，节间平均长2.9cm；粗度中等，平均粗1.0cm；嫩梢上茸毛多，灰色，皮孔中等、凸、近圆形；成熟枝条灰褐色；叶芽中等、卵圆形；茸毛中等，贴附；花芽肥大，尖卵形，鳞片紧，茸毛中等；成龄叶中等，叶片中等，长9.8cm、宽6.6cm；叶片卵形，叶尖锐尖，浓绿色；叶缘钝锯齿，叶基圆形，叶面光滑，有光泽，叶背茸毛多，叶缘复锯齿，钝，粗、大，齿上无针刺，无腺体；叶姿微折，叶边波状，先端扭曲，与枝条所成角度锐角；叶柄平均长1.7cm，叶柄粗度中等，茸毛中等，颜色微红。

花序伞房状排列，每花序花数5朵，花瓣数目5片，花冠中等，平均直径2.2cm；花瓣粉红色，卵形；花蕾红色；花梗长度中等，平均长1.4cm，有茸毛，灰白；雄蕊11个，花药红色，花粉量少，雌蕊6个，柱头比雄蕊低，开花较叶发育后。

### 3.果实性状

果实纵径4.6cm，横径4.9m；平均重4.8g，最大果重6.5g，整齐；果实扁圆形，红色，条纹长短相间，红色；果面光滑；果粉少，无光泽，无棱起，无锈斑；蜡质少，果点少、小、平；果梗中、细，近果端膨大呈肉质；梗洼深、广，锈斑无；萼片着生处浅洼，萼洼广，隆起，萼片脱落；果肉乳白，质地细，致密，脆；汁液中等，味淡，品质下等；果心中，正形，位于近萼端中位；萼筒圆锥形，中，与心室连通；心室卵形，无絮状物；横切面心室闭；种子数9粒。可溶性固形物含量14.2%。

### 4.生物学习性

萌芽力强，发枝力强，新梢一年平均长13.3cm，夏、秋梢生长量13.5cm；生长势中等；果台副梢抽生及连续结果能力中等，全树坐果；坐果力强，生理落果少，采前落果少；4年开始结果，7～8年进入盛果期，丰产，大小年不显著，盛果期单株产量22.5kg，萌芽期3月中旬，开花期4月上旬；果实采收期9月下旬，落叶期11月中旬。

## 品种评价

抗病，广适性，耐贫瘠，果实可食用。

植株

花

叶片

果实

# 九台串枝红

*Malus pumila* Mill.'Jiutaichuanzhihong'

- 调查编号：LITZWAD001

- 所属树种：苹果 *Malus pumila* Mill.

- 提 供 人：刘国成
  电　　话：15212183617
  住　　址：辽宁省沈阳市沈河区东陵路120号

- 调 查 人：王爱德
  电　　话：18204071798
  单　　位：沈阳农业大学园艺学院

- 调查地点：辽宁省沈阳市马刚镇中寺村

- 地理数据：GPS数据（海拔：6m，经度：E123°42'17.12"，纬度：N42°02'45.84"）

- 样本类型：枝条、叶、花、果实

## 生境信息

来源于外地，生于田间的平地，影响因子主要有耕作，粘壤土，影响因子主要有砍伐，修路。种植年限10年，现存2株。

## 植物学信息

### 1. 植株情况

树势弱，树姿直立，树形纺锤形。乔木，树高3.5m，冠幅东西2.5m、南北3.0m，干高0.2m，干周36cm；主干褐色，树皮丝状裂；枝条中等密度。

### 2. 植物学特征

多年生枝条灰褐色，1年生枝条形状曲折，黄色，长度中等，节间平均长1.8cm；粗度中等，平均粗1.4cm；嫩梢上茸毛多，灰色，皮孔中等、凸，近圆形；成熟枝条灰褐色；叶芽中等，卵圆形；茸毛中等，贴附；花芽肥大，尖卵形，鳞片紧，茸毛中等；成龄叶中等，叶片中等，长6.9cm、宽3.4cm；叶片卵形，叶尖锐尖，浓绿色；叶缘钝锯齿；叶基圆形，叶面光滑，有光泽，叶背茸毛多，叶缘复锯齿，钝、粗、大，齿上无针刺，无腺体；叶姿微折，叶边波状，先端扭曲，与枝条所成角度锐角；叶柄平均长1.7cm，叶柄粗度中等，茸毛中等，颜色微红。

花序伞房状排列，每花序花数5朵，花瓣数目5片，花冠中等，平均直径2.2cm；花瓣粉红色，卵形；花蕾红色；花梗长度中等，平均长1.7cm，有茸毛，灰白；雄蕊13个，花药红色，花粉量少，雌蕊6个，柱头比雄蕊低，开花较叶发育后。

### 3. 果实性状

果实纵径4.7cm，横径5.5cm；平均单果重80g，最大果重126g，不整齐；果实扁圆形，红色，条纹短，红色；果面光滑，果粉少，有光泽，无棱起，斑状锈斑；蜡质少，果点中、凸；果梗中，近果端膨大呈肉质，梗洼较深，有锈斑，片状；萼片着生处浅洼，萼洼广，皱状，萼片宿存；果肉乳白色，质地粗，致密，汁液少；风味微酸，味淡，有涩味，品质下等；果心小，不正形，近萼端；萼筒壶形，小，与心室连通；心室心形，横切面心室半开；种子数8粒；饱秕比例7：1。最佳食用期10月中旬至11月上旬，能贮至4月下旬。

### 4. 生物学习性

萌芽力强，发枝力强，新梢一年平均长12.8cm，夏、秋梢生长量10.57cm；生长势中等；果台副梢抽生及连续结果能力中等，全树坐果；坐果力强，生理落果少，采前落果少；4年开始结果，7~8年进入盛果期，丰产，大小年不显著，盛果期单株产量32.5kg，萌芽期3月中旬，开花期4月上旬；果实采收期9月下旬，落叶期11月中旬。

## 品种评价

抗病，广适性，耐贫瘠，果实可食用。

植株

植株

果实

花

# 青皮大秋

*Malus pumila* Mill.'Qingpidaqiu'

调查编号：LITZSHW013

所属树种：苹果 *Malus pumila* Mill.

提 供 人：于权
电　　话：13204452226
住　　址：吉林省九台市波泥河镇金
家岗村

调 查 人：宋宏伟
电　　话：13843426693
单　　位：吉林省农业科学院果树研
究所

调查地点：吉林省九台市波泥河镇金
家岗村

地理数据：GPS数据（海拔：336m，
经度：E125°52′13.01″，纬度：N43°52′41.52″）

样本类型：枝条、叶片、花、果实

## 生境信息

来源于当地，生于田间中坡度为15°的坡地，坡向东南，影响因子主要有砍伐，修路。种植年限10年，现存2株。

## 植物学信息

### 1. 植株情况

树势弱，树姿直立，树形纺锤形。乔木，树高5m，冠幅东西3.5m、南北3.7m，干高1.2m，干周46cm；主干褐色，树皮丝状裂；枝条中等密度。

### 2. 植物学特征

多年生枝条灰褐色，1年生枝条形状曲折，黄色，长度中等，节间平均长2.8cm；粗度中等，平均粗1.2cm；嫩梢上茸毛多，灰色，皮孔中等、凸、近圆形；成熟枝条灰褐色；叶芽中等、卵圆形；茸毛中等，贴附；花芽肥大，纺锤形，鳞片紧，茸毛中等；成龄叶中等，叶片中等，长9.9cm、宽5.4cm；叶片卵形，叶尖锐尖，浓绿色；叶缘钝锯齿；叶基圆形，叶面光滑，有光泽，叶背茸毛多，叶缘复锯齿，钝、粗、大，齿上无针刺，无腺体；叶姿微折，叶边波状，先端扭曲，与枝条所成角度锐角；叶柄平均长1.5cm，叶柄粗度中等，茸毛中等，颜色微红。

花序伞房状排列，每花序花数5朵，花瓣数目5片，花冠中等，平均直径2.2cm；花瓣粉红色，卵形；花蕾红色；花梗长度中等，平均长1.7cm，有茸毛，灰白；雄蕊13个，花药红色，花粉量少，雌蕊6个，柱头比雄蕊低，开花较叶发育后。

### 3. 果实性状

果实纵径3.2cm，横径4.5m；平均单果重34g，最大果重55g，整齐；果实扁圆形，绿色，条纹长短相间，红色；果面光滑；果粉少，无光泽，无棱起，无锈斑；蜡质少，果点少、小、平；果梗中、细，近果端膨大呈肉质；梗洼深、广，锈斑无；萼片着生处浅洼，萼洼广，隆起，萼片脱落；果肉乳白色，质地细，致密，脆，汁液中等；风味酸甜，味淡，品质下等；果心中等，正形，位于近萼端中位；萼筒圆锥形，中，与心室连通；心室卵形，无絮状物；横切面心室闭；种子数8粒。可溶性固形物含量12.4%。

### 4. 生物学习性

萌芽力强，发枝力强，新梢一年平均长12.5cm，夏、秋梢生长量11.5cm；生长势中等；果台副梢抽生及连续结果能力中等，全树坐果；坐果力强，生理落果少，采前落果少；4年开始结果，7～8年进入盛果期，丰产，大小年不显著，盛果期单株产量32.5kg，萌芽期3月中旬，开花期4月上旬；果实采收期9月下旬，落叶期11月中旬。

## 品种评价

抗病，广适性，耐贫瘠，果实可食用。

植株

花

叶片

果实

果实

# 沙果

*Malus pumila* Mill.'Shaguo'

调查编号：LITZWAD002

所属树种：苹果 *Malus pumila* Mill.

提 供 人：刘国成
电　　话：15212183617
住　　址：辽宁省沈阳市沈河区东陵
　　　　　路120号

调 查 人：王爱德
电　　话：18204071798
单　　位：沈阳农业大学园艺学院

调查地点：辽宁省沈阳市马刚镇中寺村

地理数据：GPS数据（海拔：6m，
　　　　　经度：E123°42'17.12"，纬度：N42°02'45.84"）

样本类型：枝条、叶片、花、果实

## 生境信息

来源于外地，生于田间的平地，影响因子主要有耕作，土地利用为人工林，粘壤土。种植年限8年，现存3株。

## 植物学信息

### 1. 植株情况

繁殖方法为嫁接，树势弱，树姿直立，树形纺锤形。乔木，树高2.5m，冠幅东西3.0m、南北2.6m，干高0.2m，干周25cm；主干褐色，树皮丝状裂；枝条中等密度。

### 2. 植物学特征

多年生枝条灰褐色，1年生枝条形状曲折，黄色，长度中等，节间平均长1.9cm；粗度中等，平均粗0.9cm；嫩梢上茸毛多，灰色，皮孔中等、凸，近圆形；成熟枝条灰褐色；叶芽中等，卵圆形；茸毛中等，贴附；花芽肥大，尖卵形，鳞片紧，茸毛中等；成龄叶中等，叶片中等，长7.7cm、宽3.2cm；叶片卵形，叶尖锐尖，浓绿色；叶缘钝锯齿；叶基圆形，叶面光滑，有光泽，叶背茸毛多，叶缘复锯齿，钝、粗、大，齿上无针刺，无腺体；叶姿微折，叶边波状，先端扭曲，与枝条所成角度锐角；叶柄平均长1.8cm，叶柄粗度中等，茸毛中等，颜色微红。

花序伞房状排列，每花序花数5朵，花瓣数目5片，花冠中等，平均直径2.1cm；花瓣粉红色，卵形；花蕾红色；花梗长度中等，平均长1.7cm，有茸毛，灰白；雄蕊13个，花药红色，花粉量少，雌蕊6个，柱头比雄蕊低，开花较叶发育后。

### 3. 果实性状

果实纵径5.22cm，横径5.65cm；平均单果重90g，最大果重131g，不整齐；果实扁圆形，红色，条纹短，红色；果面光滑，果粉少，有光泽，无棱起，斑状锈斑；蜡质少，果点中、凸；果梗中，近果端膨大呈肉质，梗洼较深，有锈斑，片状；萼片着生处浅洼，萼洼广，皱状，萼片宿存；果肉乳白色，质地粗，致密，汁液少；风味微酸，味淡，有涩味，品质下等，果心小，不正形，近萼端；萼筒壶形，小，与心室连通；心室心形，横切面心室半开；种子数8粒；饱秕比例7：1。最佳食用期10月中旬至11月上旬，能贮至4月下旬。

### 4. 生物学习性

萌芽力强，发枝力强，新梢一年平均长11.8cm，夏、秋梢生长量10.9cm；生长势中等；果台副梢抽生及连续结果能力中等，全树坐果；坐果力强，生理落果少，采前落果少；4年开始结果，7~8年进入盛果期，丰产，大小年不显著，盛果期单株产量25kg，萌芽期3月中旬，开花期4月上旬；果实采收期9月下旬，落叶期11月中旬。

## 品种评价

抗病，广适性，耐贫瘠，果实可食用。

植株

叶片

果实

花

# 金家岗甜丰

*Malus pumila* Mill.'Jinjiagangtianfeng'

调查编号：LITZSHW002

所属树种：苹果 *Malus pumila* Mill.

提供人：于权
电　话：13204452226
住　址：吉林省九台市波泥河镇金家岗村

调查人：宋宏伟
电　话：13843426693
单　位：吉林省农业科学院果树研究所

调查地点：吉林省九台市波泥河镇金家岗村

地理数据：GPS数据（海拔：336m，经度：E125°52′13.01″，纬度：N43°52′41.52″）

样本类型：枝条、叶片、花、果实

## 生境信息

来源于当地，生于田间中坡度为15°的坡地，坡向东南，影响因子主要有砍伐，修路。种植年限10年，现存10株。

## 植物学信息

### 1. 植株情况

树势弱，树姿直立，树形纺锤形。乔木，树高5m，冠幅东西3m、南北3.6m，干高1.2m，干周45cm；主干褐色，树皮丝状裂；枝条中等密度。

### 2. 植物学特征

多年生枝条黄褐色，1年生枝条形状曲折，黄色，长度中等，节间平均长2.9cm；粗度中等，平均粗0.9cm；嫩梢上茸毛多，灰色，皮孔中等、凸、近圆形；成熟枝条灰褐色；叶芽大，三角形；茸毛中等，贴附；花芽肥大，球形，鳞片紧，茸毛中等；成龄叶中等，叶片中等，长9.7cm、宽5.2cm；叶片卵形，叶尖锐尖，浓绿色；叶缘钝锯齿；叶基圆形，叶面光滑，有光泽，叶背茸毛多，叶缘复锯齿，钝，粗、大，齿上无针刺，无腺体；叶姿微折，叶边波状，先端扭曲，与枝条所成角度锐角；叶柄平均长1.5cm，叶柄粗度中等，茸毛中等，颜色微红。

花序伞房状排列，每花序花数5朵，花瓣数目5片，花冠中等，平均直径2.5cm；花瓣粉红色，卵形；花蕾红色；花梗长度中等，平均长1.7cm，有茸毛，灰白；雄蕊13个，花药红色，花粉量少，雌蕊6个，柱头比雄蕊低，开花较叶发育后。

### 3. 果实性状

果实纵径6.8cm，横径5.3cm；平均单果重62g，最大果重89g，整齐；果实圆柱形，绿色，条纹长短相间，红色；果面光滑；果粉少，无光泽，无棱起，无锈斑；蜡质少，果点少、小、平；果梗中、细，近果端膨大呈肉质；梗洼深、广，锈斑无；萼片着生处浅洼，萼洼广，隆起，萼片脱落；果肉乳白色，酸甜，果肉质地细，致密，脆，汁液多；味甜，浓郁，品质上等；果心中等，正形，位于近萼端中位；萼筒圆锥形，中，与心室连通；心室卵形，无絮状物；横切面心室闭；种子数8粒。可溶性固形物含量14.6%。

### 4. 生物学习性

萌芽力强，发枝力强，新梢一年平均长13.0cm，夏、秋梢生长量11.5cm；生长势中等；果台副梢抽生及连续结果能力中等，全树坐果；坐果力强，生理落果少，采前落果少；4年开始结果，7~8年进入盛果期，丰产，大小年不显著，盛果期单株产量27.5kg，萌芽期3月中旬，开花期4月上旬；果实采收期9月下旬，落叶期11月中旬。

## 品种评价

抗病，广适性，耐贫瘠，果实可食用。

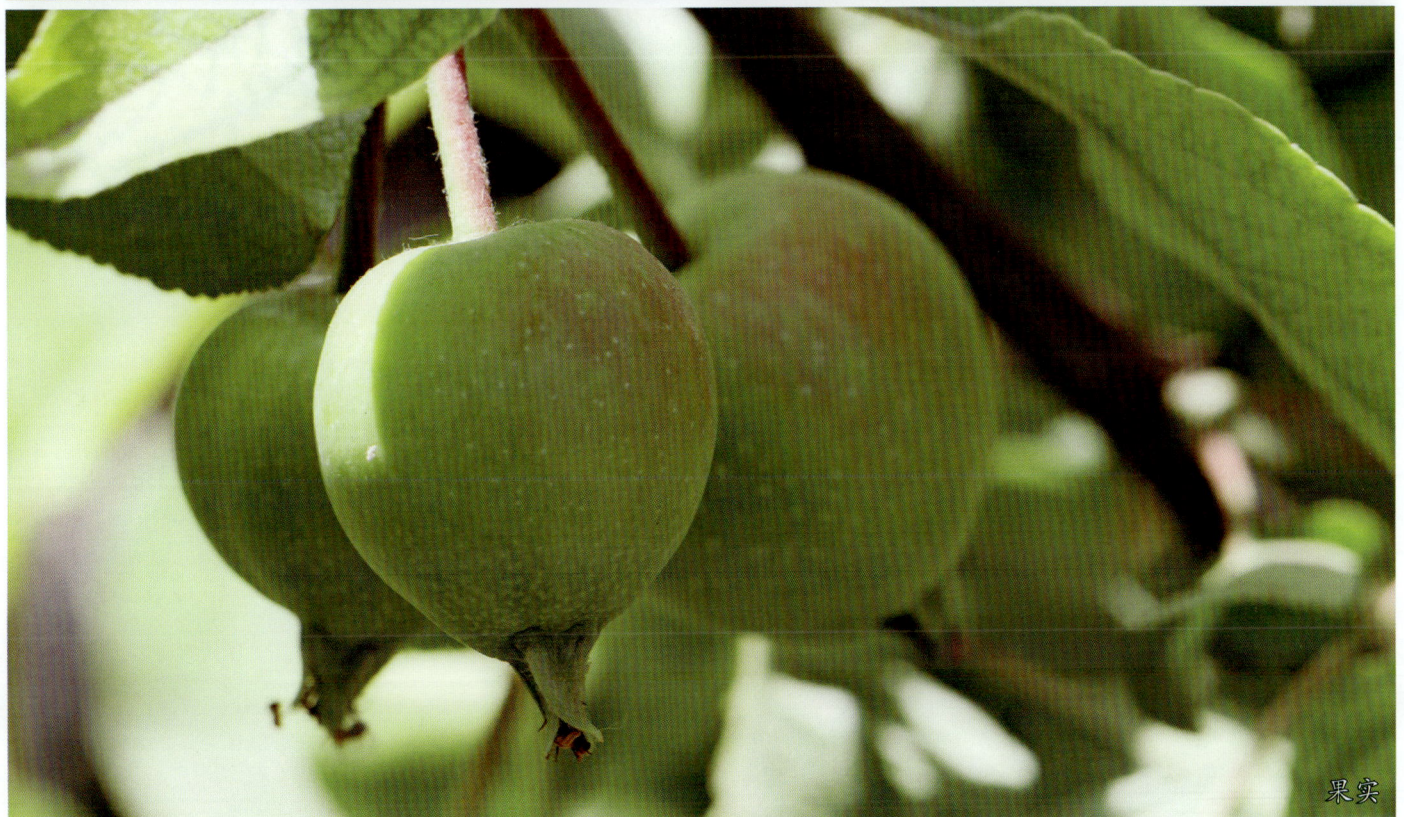

植株

花

叶片

叶片

果实

# 富华小花果

*Malus pumila* Mill.'Fuhuaxiaohuaguo'

调查编号： LITZSHW007

所属树种： 苹果 *Malus pumila* Mill.

提 供 人： 张立文
电　　话： 18240418180
住　　址： 黑龙江省富锦市城关社区
富华村

调 查 人： 宋宏伟
电　　话： 13843426693
单　　位： 吉林省农业科学院果树研
究所

调查地点： 黑龙江省富锦市城关社区
富华村

地理数据： GPS数据（海拔：65m，
经度：E132°02′33.30″，纬度：N47°15′24.52″）

样本类型： 枝条、叶片、花、果实

## 生境信息

来源于当地，生于田间的平地，影响因子主要有砍伐，修路。种植年限12年，现存2株。

## 植物学信息

### 1. 植株情况

树势弱，树姿直立，树形纺锤形。乔木，树高4.8m，冠幅东西3.5m、南北3.6m，干高1.0m，干周48cm；主干褐色，树皮丝状裂；枝条中等密度。

### 2. 植物学特征

多年生枝条灰褐色，1年生枝条形状曲折，黄色，长度中等，节间平均长3.0cm；粗度中等，平均粗0.9cm；嫩梢上茸毛多，灰色，皮孔中等、凸、近圆形；成熟枝条灰褐色；叶芽中等、三角形；茸毛中等、贴附；花芽肥大，尖卵形，鳞片紧，茸毛中等；成龄叶中等，叶片中等，长10.2cm、宽6.8cm；叶片卵形，叶尖锐尖，浓绿色；叶缘钝锯齿；叶基圆形，叶面光滑，有光泽，叶背茸毛多，叶缘复锯齿，钝、粗、大，齿上无针刺，无腺体；叶姿微折，叶边波状，先端扭曲，与枝条所成角度锐角；叶柄平均长1.5cm，叶柄粗度中等，茸毛中等，颜色微红。

花序伞房状排列，每花序花数5朵，花瓣数目5片，花冠中等，平均直径2.5cm；花瓣粉红色，卵形；花蕾红色；花梗长度中等，平均长1.7cm，有茸毛，灰白；雄蕊13个，花药红色，花粉量少，雌蕊6个，柱头比雄蕊低，开花较叶发育后。

### 3. 果实性状

果实纵径4.5cm，横径4.8cm；平均单果重46g，最大果重67g，整齐；果实扁圆形，红色，条纹长短相间，红色；果面光滑；果粉少，无光泽，无棱起，无锈斑；蜡质少，果点少、小、平；果梗中、细，近果端膨大呈肉质；梗洼深、广，锈斑无，萼片着生处浅洼；萼洼广，隆起，萼片脱落；果肉乳白色，质地细，致密，脆，汁液中等；淡而微甜，味淡，品质下等；果心大，正形，位于近萼端中位；萼筒圆锥形，中，与心室连通；心室卵形，无絮状物；横切面心室闭；种子数7粒。可溶性固形物含量14.3%。

### 4. 生物学习性

萌芽力强，发枝力强，新梢一年平均长12.3cm，夏、秋梢生长量10.4cm；生长势中等；果台副梢抽生及连续结果能力中等，全树坐果；坐果力强，生理落果少，采前落果少；4年开始结果，7~8年进入盛果期，丰产，大小年不显著，盛果期单株产量25kg，萌芽期3月中旬，开花期4月上旬；果实采收期9月下旬，落叶期11月中旬。

## 品种评价

抗病，广适性，耐贫瘠。

植株

叶片

花

果实

# 金家岗雪地红

*Malus pumila* Mill.'Jinjiagangxuedihong'

- 调查编号： LITZSHW107

- 所属树种： 苹果 *Malus pumila* Mill.

- 提供人： 田广旭
  电话： 15843650055
  住址： 吉林省吉林市船营区田家果园

- 调查人： 宋宏伟
  电话： 13843426693
  单位： 吉林省农业科学院果树研究所

- 调查地点： 吉林省九台市波泥河镇金家岗村

- 地理数据： GPS数据（海拔：332m，经度：E125°5213.01"，纬度：N43°5241.52"）

- 样本类型： 枝条、叶片、花、果实

## 生境信息

来源于当地，生于田间中坡度为15°的坡地，坡向东南，影响因子主要有砍伐，修路。种植年限5年，现存2株。

## 植物学信息

### 1. 植株情况

树势弱，树姿直立，树形纺锤形。乔木，树高2.8m，冠幅东西2.8m、南北2.7m，干高1.0m，干周35cm；主干褐色，树皮丝状裂；枝条中等密度。

### 2. 植物学特征

多年生枝条灰褐色，1年生枝条形状曲折，黄色，长度中等，节间平均长3.0cm；粗度中等，平均粗1.2cm，嫩梢上茸毛多，灰色，皮孔中等、中等、凸，近圆形；成熟枝条灰褐色；叶芽中等，卵圆形；茸毛中等，贴附；花芽肥大，球形，鳞片紧，茸毛中等；成龄叶中等，叶片中等，长9.8cm、宽5.7cm；叶片卵形，叶尖锐尖，浓绿色；叶缘钝锯齿；叶基圆形，叶面光滑，有光泽，叶背茸毛多，叶缘复锯齿，钝，粗、大，齿上无针刺，无腺体；叶姿微折，叶边波状，先端扭曲，与枝条所成角度锐角；叶柄平均长1.5cm，叶柄粗度中等，茸毛中等，颜色微红。

花序伞房状排列，每花序花数5朵，花瓣数目5片，花冠中等，平均直径2.5cm；花瓣粉红色，卵形；花蕾红色；花梗长度中等，平均长2.2cm，有茸毛，灰白；雄蕊13个，花药红色，花粉量少，雌蕊6个，柱头比雄蕊低，开花较叶发育后。

### 3. 果实性状

果实纵径3.6cm，横径4.9cm；平均单果重52g，最大果重74g，整齐；果实卵圆形，红色，条纹长短相间，红色；果面光滑；果粉少，无光泽，无棱起，无锈斑；蜡质少，果点少、小、平；果梗中、细，近果端膨大呈肉质；梗洼深、广，锈斑无，萼片着生处浅洼；萼洼广，隆起，萼片脱落；果肉乳白色，质地细，致密，脆，汁液中等；淡而微甜，味淡；品质下等；果心中等，正形，位于近萼端中位；萼筒圆锥形，中，与心室连通；心室卵形，无絮状物；横切面心室闭；种子数9粒。可溶性固形物含量12.4%。

### 4. 生物学习性

萌芽力强，发枝力强，新梢一年平均长13.2cm，夏、秋梢生长量11.5cm；生长势中等；果台副梢抽生及连续结果能力中等，全树坐果；坐果力强，生理落果少，采前落果少；4年开始结果，7~8年进入盛果期，丰产，大小年不显著，盛果期单株产量30kg，萌芽期3月中旬，开花期4月上旬；果实采收期9月下旬，落叶期11月中旬。

## 品种评价

抗病，广适性，耐贫瘠，果实可食用。

植株

叶背

花

果实

# 一串铃

*Malus pumila* Mill.'Yichuanling'

- 调查编号：LITZSHW010

- 所属树种：苹果 *Malus pumila* Mill.

- 提 供 人：范西德
  电　　话：15838273415
  住　　址：黑龙江省鸡西市朝阳果树场

- 调 查 人：宋宏伟
  电　　话：13843426693
  单　　位：吉林省农业科学院果树研究所

- 调查地点：黑龙江省鸡西市鸡冠区红星乡果树示范场

- 地理数据：GPS数据（海拔：198m，经度：E131°00'36.50"，纬度：N45°15'29.16"）

- 样本类型：枝条、叶片、花、果实

## 生境信息

来源于当地，生于田间的平地，影响因子主要有砍伐，修路。种植年限5年，现存22株。

## 植物学信息

### 1. 植株情况

树势弱，树姿直立，树形纺锤形。乔木，树高2.8m，冠幅东西2.8m、南北2.7m，干高1.0m，干周35cm；主干褐色，树皮丝状裂；枝条中等密度。

### 2. 植物学特征

多年生枝条灰褐色，1年生枝条形状曲折，黄色，长度中等，节间平均长3.1cm；粗度中等，平均粗1.2cm，嫩梢上茸毛多，灰色，皮孔中等、凸，近圆形；成熟枝条灰褐色；叶芽中等，卵圆形；茸毛中等，贴附；花芽肥大，球形，鳞片紧，茸毛中等；成龄叶中等，叶片中等，长9.8cm、宽5.5cm；叶片卵形，叶尖锐尖，浓绿色；叶缘钝锯齿；叶基圆形，叶面光滑，有光泽，叶背茸毛多，叶缘复锯齿，钝、粗、大，齿上无针刺，无腺体；叶姿微折，叶边波状，先端扭曲，与枝条所成角度锐角；叶柄平均长1.5cm，叶柄粗度中等，茸毛中等，颜色微红。

花序伞房状排列，每花序花数5朵，花瓣数目5片，花冠中等，平均直径2.5cm；花瓣粉红色，卵形；花蕾红色；花梗长度中等，平均长2.0cm，有茸毛，灰白；雄蕊15个，花药红色，花粉量少，雌蕊6个，柱头比雄蕊低，开花较叶发育后。

### 3. 果实性状

果实纵径3.6cm，横径4.9m；平均单果重52g，最大果重74g，整齐；果实卵圆形，红色，条纹长短相间，红色；果面光滑；果粉少，无光泽，无棱起，无锈斑；蜡质少，果点少、小、平；果梗中、细，近果端膨大呈肉质；梗洼深、广，锈斑无，萼片着生处浅洼；萼洼广，隆起，萼片脱落；果肉乳白，质地细，致密，脆，汁液中等；淡而微甜，味淡，品质下等；果心中等，正形，位于近萼端中位；萼筒圆锥形，中，与心室连通；心室卵形，无絮状物；横切面心室闭；种子数9粒。可溶性固形物含量12.3%。

### 4. 生物学习性

萌芽力强，发枝力强，新梢一年平均长12.0cm，夏、秋梢生长量10.5cm；生长势中等；果台副梢抽生及连续结果能力中等，全树坐果；坐果力强，生理落果少，采前落果少；产量中等，大小年显著，4年开始结果，7~8年进入盛果期，丰产，大小年不显著，盛果期单株产量30kg，萌芽期3月中旬，开花期4月上旬；果实采收期9月下旬，落叶期11月中旬。

## 品种评价

抗病，广适性，耐贫瘠。

植株

花

叶片

果实

# 金家岗
# 紫果海棠

*Malus prunifolia*（Willd.）
Borkh.'Jinjiagangziguohaitang'

**调查编号：** LITZSHW016

**所属树种：** 海棠果 *Malus prunifolia*
(Willd.) Borkh.

**提供人：** 田广旭
**电　话：** 15843650055
**住　址：** 吉林省吉林市船营区田家
果园

**调查人：** 宋宏伟
**电　话：** 13843426693
**单　位：** 吉林省农业科学院果树研
究所

**调查地点：** 吉林省九台市波泥河镇金
家岗村

**地理数据：** GPS数据（海拔：332m，
经度：E125°52'13.01"，纬度：N43°52'41.52"）

**样本类型：** 枝条、叶片、花、果实

## 生境信息

来源于当地，生于田间的平地，影响因子主要有砍伐，修路。种植年限10年，现存2株。

## 植物学信息

### 1. 植株情况

乔木，树势弱，树姿直立，树形纺锤形。树高4.8m，冠幅东西3.8m、南北3.7m，干高1.0m，干周47cm；主干灰色，树皮光滑不裂；枝条密度中等。

### 2. 植物学特征

多年生枝条灰褐色，1年生枝条形状曲折，黄色，平均节间长3.0cm，粗度中等，平均粗0.9cm，嫩梢上茸毛多，灰色，皮孔中等、凸，近圆形；成熟枝条灰褐色；叶芽中等，卵圆形；茸毛中等，贴附；花芽肥大，球形，鳞片紧，茸毛中等；成龄叶中等，长9.5cm、宽6.3cm；叶片卵形，叶尖锐尖，浓绿色；叶缘钝锯齿；叶基圆形，叶面光滑，有光泽，叶背茸毛多，叶缘复锯齿，钝，粗、大，齿上无针刺，无腺体；叶姿微折，叶边波状，先端扭曲，与枝条所成角度锐角；叶柄平均长1.7cm，叶柄粗度中等，茸毛中等，颜色微红。

花序伞房状排列，每花序花数5朵，花瓣数目5片，花冠中等，平均直径2.5cm；花瓣粉红色，卵形；花蕾红色；花梗长度中等，平均长2.0cm，有茸毛，灰白；雄蕊15个，花药红色，花粉量少，雌蕊6个，柱头比雄蕊低，开花较叶发育后。

### 3. 果实性状

果实纵径2.6cm，横径2.9m；平均单果重28g，最大果重34g，整齐；果实卵圆形，红色，条纹长短相间，红色；果面光滑；果粉少，无光泽，无棱起，无锈斑；蜡质少，果点少、小、平；果梗中、细，近果端膨大呈肉质；梗洼深、广，锈斑无，萼片着生处浅洼；萼洼广，隆起，萼片脱落；果肉乳白色，质地细，致密，脆，汁液中等；味淡而微甜，品质下等；果心中等，正形，位于近萼端中位；萼筒圆锥形，中，与心室连通；心室卵形，无絮状物；横切面心室闭；种子数9粒。可溶性固形物含量13.8%。

### 4. 生物学习性

萌芽力强，发枝力强，新梢一年平均长12.0cm，夏、秋梢生长量10.5cm；生长势中等；果台副梢抽生及连续结果能力中等，全树坐果；坐果力强，生理落果少，采前落果少；4年开始结果，7～8年进入盛果期，丰产，大小年不显著，盛果期单株产量30kg，萌芽期3月中旬，开花期4月上旬；果实采收期9月下旬，落叶期11月中旬。

## 品种评价

抗病，广适性，耐贫瘠，果实可食用。

植株

叶片

花

果实

# 慈母川
# 八棱海棠

*Malus × micromalus* Makino
'Cimuchuanbalenghaitang'

调查编号： LITZLJS001

所属树种： 西府海棠 *Malus × micromalus* Makino

提 供 人： 高自起
电　　话： 13716280587
住　　址： 北京市延庆区大庄科乡慈母川村

调 查 人： 刘佳梦
电　　话： 010-51503910
单　　位： 北京市农林科学院农业综合发展研究所

调查地点： 北京市延庆区大庄科乡慈母川村

地理数据： GPS数据（海拔：527m，经度：E116°11'44.76"，纬度：N40°24'56.73"）

样本类型： 枝条、叶片、花、果实

## 生境信息

地形为平地，土地利用为耕地，砂壤土；种植年限5年，现存22株，面积位0.03hm²；种植农户数1户。

## 植物学信息

### 1. 植株情况

繁殖方法为嫁接，树势中等，树势中等，树姿开张，树形分枝形。乔木，树高2.0m，冠幅东西2.5m、南北2.0m，干高25.0cm，干周15.0cm；主干灰色，树皮光滑不裂，枝条密。

### 2. 植物学特征

1年生枝条挺直，褐色，平均节间长1.5cm，平均粗0.6cm，嫩梢上茸毛多，灰色，皮孔中等、凸、近圆形；成熟枝条灰褐色；叶芽三角形，茸毛中等，贴附；花芽瘦小，尖卵形，鳞片紧，茸毛中等；成龄叶中等，平均长5.7cm、宽2.2cm；叶片倒卵形，叶尖锐尖，浓绿色；叶缘钝锯齿；叶基圆形，叶面光滑，有光泽，叶背茸毛多，叶缘复锯齿，钝、粗、大，齿上无针刺，无腺体；叶姿微折，叶边波状，先端扭曲，与枝条所成角度锐角；叶柄平均长1.7cm，叶柄粗度中等，茸毛中等，颜色微红。

花序伞房状排列，每花序花数5朵，花瓣数目5片，花冠中等，平均直径2.5cm；花瓣粉红色，卵形；花蕾红色；花梗长度中等，平均长2.3cm，有茸毛，灰白；雄蕊15个，花药红色，花粉量少，雌蕊6个，柱头比雄蕊低，开花较叶发育后。

### 3. 果实性状

果实纵径2.1cm，横径1.6m；平均单果重16g，最大果重20g，整齐；果实卵圆形，紫色，条纹长短相间，红色；果面光滑；果粉少，无光泽，无棱起，无锈斑；蜡质少，果点少、小、平；果梗中、细，近果端膨大呈肉质；梗洼深、广，锈斑无，萼片着生处浅洼；萼洼广，隆起，萼片脱落；果肉乳白色，质地细，致密，脆，汁液中等；风味淡而微甜，品质下等；果心中等，正形，位于近萼端中位；萼筒圆锥形，中，与心室连通；心室卵形，无絮状物；横切面心室闭；种子数9粒。可溶性固形物含量14.4%。

### 4. 生物学习性

萌芽力强，发枝力强，新梢一年平均长12.0cm，夏、秋梢生长量10.5cm；生长势中等；果台副梢抽生及连续结果能力中等，全树坐果；坐果力强，生理落果少，采前落果少；4年开始结果，7~8年进入盛果期，丰产，大小年不显著，盛果期单株产量30kg，萌芽期3月中旬，开花期4月上旬；果实采收期9月下旬，落叶期11月中旬。

## 品种评价

抗病，广适性，耐贫瘠，果实可食用。

植株

叶片

花

果实

# 西拔子槟子

*Malus pumila* Mill.'Xibazibingzi'

调查编号：LITZLJS002

所属树种：苹果 *Malus pumila* Mill.

提 供 人：高稳明
电　　话：13911795525
住　　址：北京市延庆区西拔子乡帮
　　　　　水峪村

调 查 人：刘佳芩
电　　话：010－51503910
单　　位：北京市农林科学院农业综
　　　　　合发展研究所

调查地点：北京市延庆县区八达岭镇
　　　　　西拔子村

地理数据：GPS数据（海拔：577m，
　　　　　经度：E115°5755.18"，纬度：N40°21'36.46"）

样本类型：枝条、叶片、花、果实

## 生境信息

来源于当地，最大树龄80年。生于田间的平地，影响因子主要有耕地。砂壤土，种植年限12年，现存5株。

## 植物学信息

### 1. 植株情况

乔木；树势强；树姿开张，圆头形；树高8m，冠幅东西7.0m、南北7.8m，干高0.58m，干周131cm；主干灰褐色。

### 2. 植物学特征

1年生枝条挺直，褐色，皮孔大，少，凸，近圆形；多年生枝灰褐色，叶芽小，三角形，茸毛中等，贴附；花芽肥大，圆锥形，茸毛多；叶片长8cm～9cm、宽4cm～5cm；椭圆形，叶尖渐尖；叶基浓绿色；叶面平滑，有光泽，叶边锯齿锐，中等，小，整齐，重锯齿。叶柄平均长2.5cm～3.0cm，茸毛少，浅绿色。

花序伞房状排列，每花序花数5朵，花瓣数目5片；花冠直径4.0cm～5.5cm；花瓣粉白色，卵圆形，花蕾粉红色；花梗平均长2.3cm，有茸毛，绿色，雄蕊数18～24个；花粉多，雌蕊数3～5个，开花较叶发育后。

### 3. 果实性状

纵径3.5cm，横径4.7cm；平均单果重33g，最大果重40g，整齐；果实近圆形，淡黄色；条纹短，红色；果面光滑，果粉多，有光泽；果点少、小；梗洼窄，萼洼广，萼片脱落；果肉淡黄色，质地细，致密，汁液中等，风味酸甜，有涩味，微香，品质中等；果心小，横切面心室闭；种子数3～5粒，饱满。可溶性固形物含量18%。

### 4. 生物学习性

萌芽力强，发枝力中等，新梢一年平均长8.0cm，夏、秋梢生长量8.5cm；生长势中等；开始结果年龄5年，盛果期年龄10年；长果枝5%，中果枝10%，短果枝85%，腋花芽结果80%；果台副梢抽生及连续结果能力中等，全树坐果；坐果力强，生理落果少，采前落果少；4年开始结果，7～8年进入盛果期，丰产，大小年显著，盛果期单株产量100kg，萌芽期3月中旬，开花期4月上旬；果实采收期7月下旬，落叶期10月中旬。

## 品种评价

抗病，广适性，耐贫瘠，果实可食用；主要病虫害种类为红蜘蛛、蚜虫。

植株

叶片

花

果实

# 脆八棱海棠

*Malus × micromalus* Makino
'Cuibalenghaitang'

- 调查编号： LITZLJS003
- 所属树种： 西府海棠 *Malus × micromalus* Makino
- 提 供 人： 高自起
  电　　话： 13716280587
  住　　址： 北京市延庆区大庄科乡慈母川村
- 调 查 人： 刘佳琴
  电　　话： 010－51503910
  单　　位： 北京市农林科学院农业综合发展研究所
- 调查地点： 北京市延庆区大庄科乡慈母川村
- 地理数据： GPS数据（海拔：527m，经度：E116°11'44.76"，纬度：N40°24'56.73"）
- 样本类型： 枝条、叶片、花、果实

## 生境信息

地形为平地，土地利用为耕地，砂壤土；种植年限5年，现存18株，面积位0.03hm²；种植农户数1户。

## 植物学信息

### 1. 植株情况

树势中等，树势中等，树姿开张，树形分枝形。乔木，树高2.2m，冠幅东西3.0m、南北2.5m，干高20.0cm，干周15.0cm；主干灰色，树皮光滑不裂，枝条密。

### 2. 植物学特征

1年生枝条挺直，褐色，平均节间长1.7cm，平均粗0.5cm，嫩梢上茸毛多，灰色，皮孔中等、凸、近圆形；成熟枝条灰褐色；叶芽三角形，茸毛中等，贴附；花芽瘦小，尖卵形，鳞片紧，茸毛中等；成龄叶中等，平均长5.5cm、宽2.5cm；叶片倒卵形，叶尖锐尖，浓绿色；叶缘钝锯齿；叶基圆形，叶面光滑，有光泽，叶背茸毛多，叶缘复锯齿，钝、粗、大、齿上无针刺，无腺体；叶姿微折，叶边波状，先端扭曲，与枝条所成角度锐角；叶柄平均长1.5cm，叶柄粗度中等，茸毛中等，颜色微红。

花序伞房状排列，每花序花数5朵，花瓣数目5片，花冠中等，平均直径2.0cm；花瓣粉红色，卵形；花蕾红色；花梗长度中等，平均长2.3cm，有茸毛，灰白；雄蕊11个，花药红色，花粉量少，雌蕊6个，柱头比雄蕊低，开花较叶发育后。

### 3. 果实性状

纵径2.2cm，横径2.8cm；平均单果重25g，最大果重33g；果实近圆形，红色，果面光滑，有棱起，有果粉；梗洼窄；萼片着生处浅洼，萼洼广，萼片残存；果肉黄白色；风味甜，中香，品质上等；横切面心室闭。可溶性固形物含量18.5%。

### 4. 生物学习性

萌芽力强，发枝力中等，新梢一年平均长8.0cm，夏、秋梢生长量8.5cm；生长势中等；开始结果年龄5年，盛果期年龄10年；长果枝25%，中果枝35%，短果枝85%，腋花芽结果80%；果台副梢抽生及连续结果能力中等，全树坐果；坐果力强，生理落果少，采前落果少；4年开始结果，7～8年进入盛果期，丰产，大小年不显著，盛果期单株产量25kg，萌芽期3月中旬，开花期4月上旬；果实采收期9月下旬，落叶期11月中旬。

## 品种评价

抗病，广适性，耐贫瘠，果实可食用；主要病虫害种类为红蜘蛛、蚜虫；对寒、旱、涝、瘠、盐、风、日灼等恶劣环境有较弱抵抗能力，修剪反应不敏感，对土壤、地势、栽培条件的要求低。

叶片

植株

花

果实

# 海子口 1 号

*Malus pumila* Mill.'Haizikou 1'

调查编号：LITZLJS004

所属树种：苹果 *Malus pumila* Mill.

提 供 人：高稳明
电　　话：13911795525
住　　址：北京市延庆区八达岭镇帮水峪村

调 查 人：刘佳琴
电　　话：010－51503910
单　　位：北京市农林科学院农业综合发展研究所

调查地点：北京市延庆区八达岭镇西拨子村

地理数据：GPS数据（海拔：557m，经度：E115°5755.18"，纬度：N40°21'36.46"）

样本类型：枝条、叶片、花、果实

## 生境信息

来源于当地，生于田间的平地，影响因子主要有耕作；修路，土地利用为耕地，壤土，种植年限为20年，现存1株。

## 植物学信息

### 1. 植株情况

树势中等，树姿开张，树形分枝形。乔木，树高1.8m，冠幅东西2.5m、南北2.0m，干高20.0cm，干周15.0cm；主干灰色，树皮光滑不裂，枝条密。

### 2. 植物学特征

1年生枝条挺直，褐色，平均节间长1.7cm，平均粗0.5cm，嫩梢上茸毛多，灰色，皮目中等、凸，近圆形；成熟枝条灰褐色；叶芽三角形，茸毛中等，贴附；花芽瘦小，尖卵形，鳞片紧，茸毛中等；成龄叶中等，平均长5.1cm、宽2.3cm；叶片长卵形，叶尖锐尖，浅绿色；叶缘钝锯齿；叶基圆形，叶面光滑，有光泽，叶背茸毛多，叶缘复锯齿，钝，粗、大，齿上无针刺，无腺体；叶姿微折，叶边波状，先端扭曲，与枝条所成角度锐角；叶柄平均长1.5cm，粗度中等，茸毛中等，颜色微红。

花序伞房状排列，每花序花数5朵，花瓣数目5片，花冠中等，平均直径1.2cm；花瓣粉红色，卵形；花蕾红色；花梗长度中等，平均长2.3cm，有茸毛，灰白；雄蕊11个，花药红色，花粉量少，雌蕊6个，柱头比雄蕊低，开花较叶发育后。

### 3. 果实性状

果实纵径5.3cm，横径6.1cm；平均单果重85g，最大果重125g，整齐；果实扁圆形，红色，条纹短，红色；果面光滑，果粉少，有光泽，无棱起，斑状锈斑；蜡质少，果点中、凸；果梗中，近果端膨大呈肉质，梗洼较深，有锈斑，片状；萼片着生处浅洼，萼洼广，皱状，萼片宿存；果肉乳白色，质地粗，致密，梗，汁液少；风味微酸，味淡，有涩味，品质中等；果心中等，不正形，近萼端；萼筒壶形，小，与心室连通；心室心形，横切面心室半开；种子数6粒；饱秕比例5∶1。最佳食用期10月中旬至11月上旬，能贮至4月下旬。

### 4. 生物学习性

萌芽力强，发枝力中等，新梢一年平均长8.0cm，夏、秋梢生长量8.5cm；生长势中等；果台副梢抽生及连续结果能力中等，全树坐果；坐果力强，生理落果少，采前落果少；4年开始结果，7~8年进入盛果期，丰产，大小年不显著，盛果期单株产量25kg，萌芽期3月中旬，开花期4月上旬；果实采收期9月下旬，落叶期11月中旬。

## 品种评价

抗病，广适性，耐贫瘠，果实可食用。

植株

花

叶片

果实

果实

# 海子口 2 号

*Malus pumila* Mill.'Haizikou 2'

调查编号：LITZLJS005

所属树种：苹果 *Malus pumila* Mill.

提 供 人：高稳明
电　　话：13911795525
住　　址：北京市延庆区八达岭镇帮
　　　　　水峪村

调 查 人：刘佳棽
电　　话：010－51503910
单　　位：北京市农林科学院农业综
　　　　　合发展研究所

调查地点：北京市延庆区八达岭镇西
　　　　　拨子村

地理数据：GPS数据（海拔：557m，
　　　　　经度：E115°5755.18"，纬度：N40°21'36.47"）

样本类型：枝条、叶片、花、果实

## 生境信息

来源于当地，生于田间的坡地，影响因子主要有耕作；修路，土地利用为耕地，壤土，种植年限为20年，现存1株。

## 植物学信息

### 1. 植株情况

树势中等，树势中等，树姿开张，树形分枝形。乔木，树高2.5m，冠幅东西3.5m、南北2.0m，干高25.0cm，干周15.0cm；主干灰色，树皮光滑不裂，枝条密。

### 2. 植物学特征

1年生枝条挺直，褐色，平均节间长度1.5cm，平均粗0.50cm，嫩梢上茸毛多，灰色，皮孔中等、凸，近圆形；成熟枝条灰褐色；叶芽三角形，茸毛中等，贴附；花芽瘦小，尖卵形，鳞片紧，茸毛中等；成龄叶中等，平均长5.1cm、宽2.5cm；叶片倒卵形，叶尖锐尖，浅绿色；叶缘钝锯齿；叶基圆形，叶面光滑，有光泽，叶背茸毛多，叶缘复锯齿，钝、粗、大，齿上无针刺，无腺体；叶姿微折，叶边波状，先端扭曲，与枝条所成角度锐角；叶柄平均长2.5cm，叶柄粗度中等，茸毛中等，颜色微红。

花序伞房状排列，每花序花数5朵，花瓣数目5片，花冠中等，平均直径2.2cm；花瓣粉红色，卵形；花蕾红色；花梗长度中等，平均长2.3cm，有茸毛，灰白；雄蕊11个，花药红色，花粉量少，雌蕊6个，柱头比雄蕊低，开花较叶发育后。

### 3. 果实性状

果实纵径5.5cm，横径6.4cm；平均单果重95g，最大果重135g，整齐；果实扁圆形，红色，条纹短，红色；果面光滑，果粉少，有光泽，无棱起，斑状锈斑；蜡质少，果点中、凸，果梗中，近果端膨大呈肉质，梗洼较深，有锈斑，片状；萼片着生处浅洼，萼洼广，皱状，萼片宿存；果肉乳白色，质地粗，致密，汁液少；风味微酸，味淡，有涩味，品质中等；果心中等，不正形，近萼端；萼筒壶形，小，与心室连通；心室心形，横切面心室半开；种子数6粒；饱秕比例5∶1；最佳食用期10月中旬至11月上旬，能贮至4月下旬。

### 4. 生物学习性

萌芽力强，发枝力中等，新梢一年平均长8.0cm，夏、秋梢生长量8.5cm；生长势中等；果台副梢抽生及连续结果能力中等，全树坐果；坐果力强，生理落果少，采前落果少；4年开始结果，7～8年进入盛果期，丰产，大小年不显著，盛果期单株产量27.5kg，萌芽期3月中旬，开花期4月上旬；果实采收期9月下旬，落叶期11月中旬。

## 品种评价

抗病，广适性，耐贫瘠，果实可食用。

植株

花

叶片

果实

# 海子口 3 号

*Malus pumila* Mill.'Haizikou 3'

- 调查编号：LITZLJS014

- 所属树种：苹果 *Malus pumila* Mill.

- 提 供 人：高稳明
  电　　话：13911795525
  住　　址：北京市延庆区八达岭镇帮
  水峪村

- 调 查 人：刘佳琴
  电　　话：010－51503910
  单　　位：北京市农林科学院农业综
  合发展研究所

- 调查地点：北京市延庆区八达岭镇西
  拨子村

- 地理数据：GPS数据（海拔：577m，
  经度：E115°57'55.18"，纬度：N40°21'36.48"）

- 样本类型：枝条、叶片、花、果实

## 生境信息

来源于当地，生于田间的坡地，影响因子主要有耕作；修路，土地利用为耕地，壤土，种植年限为20年，现存1株。

## 植物学信息

### 1. 植株情况

繁殖方法为嫁接，树体高大，树势强，树姿开张，树形分枝形。乔木，树高2.1m，冠幅东西3.0m、南北2.0m，干高25.0cm，干周15.0cm；主干灰色，树皮光滑不裂，枝条密。

### 2. 植物学特征

1年生枝条挺直，褐色，平均节间长1.5cm，平均粗0.5cm，嫩梢上茸毛多，灰色，皮孔中等、凸，近圆形；成熟枝条灰褐色；叶芽三角形，茸毛中等，贴附；花芽瘦小，尖卵形，鳞片紧，茸毛中等；成龄叶中等，平均长5.1cm、宽2.5cm；叶片长卵形，叶尖长尾尖，浅绿色；叶缘钝锯齿；叶基圆形，叶面光滑，有光泽，叶背茸毛多，叶缘复锯齿，钝、粗、大，齿上无针刺，无腺体；叶姿微折，叶边波状，先端扭曲，与枝条所成角度锐角；叶柄平均长0.45cm，粗度中等，茸毛中等，颜色微红。

花序伞房状排列，每花序花数5朵，花瓣数目5片，花冠中等，平均直径2.2cm；花瓣粉白色，卵形；花蕾红色；花梗长度中等，平均长2.3cm，有茸毛，灰白；雄蕊11个，花药浅黄色，花粉量少，雌蕊6个，柱头比雄蕊低，开花较叶发育后。

### 3. 果实性状

果实纵径5.4cm，横径5.9cm；平均单果重95g，最大果重140g，整齐；果实扁圆形，红色，条纹短，红色；果面光滑，果粉少，有光泽，无棱起，斑状锈斑；蜡质少，果点中、凸；果梗中，近果端膨大呈肉质，梗洼较深，有锈斑，片状；萼片着生处浅洼，萼洼广，皱状，萼片宿存；果肉乳白色，质地粗，致密，汁液少；风味微酸，味淡，有涩味，品质中等；果心中等，不正形，近萼端；萼筒壶形，小，与心室连通；心室心形，横切面心室半开；种子数6粒；饱秕比例5∶1。最佳食用期10月中旬至11月上旬，能贮至4月下旬。

### 4. 生物学习性

萌芽力强，发枝力强，新梢一年平均长12.0cm，夏、秋梢生长量10.5cm；生长势中等；果台副梢抽生及连续结果能力中等，全树坐果；坐果力强，生理落果少，采前落果少；4年开始结果，7～8年进入盛果期，丰产，大小年不显著，盛果期单株产量30kg，萌芽期3月中旬，开花期4月上旬；果实采收期9月下旬，落叶期11月中旬。

## 品种评价

抗病，广适性，耐贫瘠，果实可食用。

植株

叶片

花

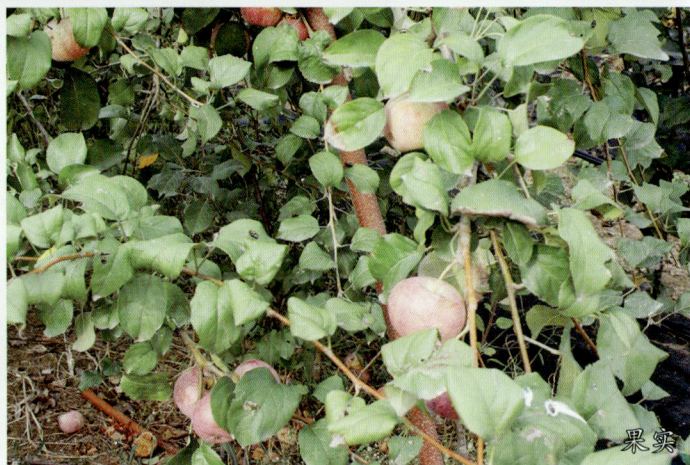
果实

# 联峰林场 1 号

*Malus pumila* Mill.'Lianfenglinchang 1'

调查编号: LITZLJS006

所属树种: 苹果 *Malus pumila* Mill.

提 供 人: 高润红
电　　话: 13947185459
住　　址: 内蒙古农业大学

调 查 人: 刘佳琴
电　　话: 010-51503910
单　　位: 北京市农林科学院农业综合发展研究所

调查地点: 内蒙古自治区克什克腾旗经棚镇联峰林场

地理数据: GPS数据（海拔: 1294m, 经度: E117°26'00", 纬度: N43°14'00"）

样本类型: 枝条、叶片、花、果实

## 生境信息

来源于当地，生于田间的平地，影响因子主要有耕作、修路；土地利用为耕地，壤土；种植年限为20年，现存1株。生于田间的平地，影响因子主要有修路，壤土。

## 植物学信息

### 1. 植株情况

树体高大，树势强，树姿半开张，树形分枝形。乔木，树高2.1m，冠幅东西3.0m、南北2.8m，干高30.0cm，干周30.0cm；主干灰色，树皮光滑不裂，枝条密。

### 2. 植物学特征

1年生枝条挺直，褐色，平均节间长1.4cm，平均粗0.50cm，嫩梢上茸毛多，灰色，皮孔中等、凸、近圆形；成熟枝条灰褐色；叶芽三角形，茸毛中等，贴附；花芽瘦小，尖卵形，鳞片紧，茸毛中等；成龄叶中等，平均长4.9cm、宽2.5cm；叶片倒卵形，叶尖锐尖，浅绿色；叶缘钝锯齿；叶基圆形，叶面光滑，有光泽，叶背茸毛多，叶缘复锯齿，钝，粗、大，齿上无针刺，无腺体；叶姿微折，叶边波状，先端扭曲，与枝条所成角度锐角；叶柄平均长0.45cm，粗度中等，茸毛中等，颜色微红。

花序伞房状排列，每花序花数5朵，花瓣数目5片，花冠中等，平均直径2.1cm；花瓣粉白色，卵形；花蕾红色；花梗长度中等，平均长2.3cm，有茸毛，灰白；雄蕊11个，花药浅黄色，花粉量少，雌蕊6个，柱头比雄蕊低。

### 3. 果实性状

果实纵径3.3cm，横径3.5cm；平均单果重20g，最大果重25g，整齐；果实卵圆形，绿黄色，条纹长短相间，红色；果面光滑；果粉少，无光泽，无棱起，无锈斑；蜡质少，果点少、小、平；果梗中、细，近果端膨大呈肉质；梗洼深、广，锈斑无，萼片着生处浅洼；萼洼浅，隆起，萼片宿存；果肉黄白色，质地细，致密，脆，汁液中等；中香，品质中等；果心中等，正形，位于近萼端中位；萼筒圆锥形，中，与心室连通；心室卵形，无絮状物；横切面心室闭；种子数9粒。

### 4. 生物学习性

萌芽力强，发枝力强，新梢一年平均长13.0cm，夏、秋梢生长量12.5cm；生长势中等；果台副梢抽生及连续结果能力中等，全树坐果；坐果力强，生理落果少，采前落果少；4年开始结果，7~8年进入盛果期，丰产，大小年不显著，盛果期单株产量25kg，萌芽期3月中旬，开花期4月上旬；果实采收期9月下旬，落叶期11月中旬。

## 品种评价

抗病，广适性，耐贫瘠，果实可食用；主要病虫害种类为红蜘蛛、蚜虫。

植株

花

叶片

果实

# 联峰林场 2 号

*Malus pumila* Mill.'Lianfenglinchang 2'

**调查编号：** LITZLJS007

**所属树种：** 苹果 *Malus pumila* Mill.

**提供人：** 高润红
**电话：** 13947185459
**住址：** 内蒙古农业大学

**调查人：** 刘佳彤
**电话：** 010－51503910
**单位：** 北京市农林科学院农业综合发展研究所

**调查地点：** 内蒙古自治区克什克腾旗经棚镇联峰林场

**地理数据：** GPS数据（海拔：1294m，经度：E117°26'00"，纬度：N43°14'00"）

**样本类型：** 枝条、叶片、花、果实

## 生境信息

来源于当地，生于田间的坡地，影响因子主要有耕作、修路；土地利用为耕地，壤土；种植年限为20年，现存1株。

## 植物学信息

### 1. 植株情况

树体高大，树势强，树姿半开张，树形分枝形。乔木，树高2.1m，冠幅东西2.5m、南北1.8m，干高30.0cm，干周25.0cm；主干灰色，树皮光滑不裂，枝条密。

### 2. 植物学特征

1年生枝条挺直，褐色，平均节间长2.1cm，平均粗0.6cm，嫩梢上茸毛多，灰色，皮孔中等、凸，近圆形；成熟枝条灰褐色；叶芽三角形，茸毛中等，贴附；花芽瘦小，尖卵形，鳞片紧，茸毛中等；成龄叶中等，平均长4.8cm、宽2.0cm；叶片卵形，叶尖锐尖，浅绿色；叶缘钝锯齿，叶基圆形，叶面光滑，有光泽，叶背茸毛多，叶缘复锯齿，钝、粗、大，齿上无针刺，无腺体；叶姿微折，叶边波状，先端扭曲，与枝条所成角度锐角；叶柄平均长0.5cm，粗度中等，茸毛中等，颜色微红。

花序伞房状排列，每花序花数5朵，花瓣数目5片，花冠中等，平均直径2.0cm；花瓣粉白色，卵形；花蕾红色；花梗长度中等，平均长2.3cm，有茸毛，灰白；雄蕊13个，花药浅黄色，花粉量少，雌蕊6个，柱头比雄蕊低，开花较叶发育后。

### 3. 果实性状

果实纵径3.2cm，横径3.7m；平均单果重26.9g，最大果重27.4g，整齐；果实卵圆形，淡黄色，条纹长短相间，红色；果面光滑；果粉少，无光泽，无棱起，无锈斑；蜡质少，果点少、小、平；果梗中、细，近果端膨大呈肉质；梗洼深、广，锈斑无，萼片着生处浅洼；萼洼中，隆起，萼片宿存；果肉黄白色，质地细，致密，脆，汁液中等；酸甜适中，浓香，品质中等；果心中等，正形，位于近萼端中位；萼筒圆锥形，中，与心室连通；心室卵形，无絮状物；横切面心室闭；种子数9粒；可溶性固形物含量11.4%。

### 4. 生物学习性

萌芽力强，发枝力强，新梢一年平均长12.5cm，夏、秋梢生长量11.0cm；生长势中等；果台副梢抽生及连续结果能力中等，全树坐果；坐果力强，生理落果少，采前落果少；4年开始结果，7~8年进入盛果期，丰产，大小年不显著，盛果期单株产量22.5kg，萌芽期3月中旬，开花期4月上旬；果实采收期9月下旬，落叶期11月中旬。

## 品种评价

抗病，广适性，耐贫瘠，果实可食用。

植株

叶片

花

果实

# 联峰林场 3 号

*Malus pumila* Mill.'Lianfenglinchang 3'

🔲 调查编号：LITZLJS008

🔲 所属树种：苹果 *Malus pumila* Mill.

🔲 提 供 人：高润红
    电　　话：13947185459
    住　　址：内蒙古农业大学

🔲 调 查 人：刘佳琴
    电　　话：010－51503910
    单　　位：北京市农林科学院农业综
    　　　　　合发展研究所

🔲 调查地点：内蒙古自治区克什克腾旗
    经棚镇联峰林场

🔲 地理数据：GPS数据（海拔：1294m，
    经度：E117°26'00"，纬度：N43°14'00"）

🔲 样本类型：枝条、叶片、花、果实

## 🔲 生境信息

来源于当地，生于田间的坡地，影响因子主要有耕作、修路；土地利用为耕地，壤土；种植年限为20年，现存1株。

## 🔲 植物学信息

### 1. 植株情况

树体中等，树势中等，树姿半开张，树形分枝形。乔木，树高3.0m，冠幅东西3.5m、南北2.0m，干高25.0cm，干周25.0cm；主干灰色，树皮光滑不裂，枝条密。

### 2. 植物学特征

1年生枝条挺直，褐色，平均节间长1.6cm，平均粗0.5cm，嫩梢上茸毛多，灰色，皮孔中等、凸，近圆形；成熟枝条灰褐色；叶芽三角形，茸毛中等，贴附；花芽瘦小，尖卵形，鳞片紧，茸毛中等；成龄叶中等，平均长5.05cm、宽2.5cm；叶片卵形，叶尖锐尖，叶基圆形，叶片黄色，叶缘复锯齿，叶面光滑，有光泽，叶背茸毛多，叶缘复锯齿，钝、粗、大、齿上无针刺，无腺体；叶姿微折，叶边波状，先端扭曲，与枝条所成角度锐角；叶柄平均长0.40cm，粗度中等，茸毛中等，颜色微红。

花序伞房状排列，每花序花数5朵，花瓣数目5片，花冠中等，平均直径2.0cm；花瓣粉白色，卵形；花蕾红色；花梗长度中等，平均长1.7cm，有茸毛，灰白；雄蕊13个，花药浅黄色，花粉量少，雌蕊6个，柱头比雄蕊低，开花较叶发育后。

### 3. 果实性状

果实纵径3.2cm，横径3.5m；平均单果重17g，最大果重21g，整齐；果实扁圆形，绿黄色，条纹长短相间，红色；果面光滑；果粉少，无光泽，无棱起，无锈斑；蜡质少，果点少、小、平；果梗中、细，近果端膨大呈肉质；梗洼深、广，锈斑无，萼片着生处浅洼；萼洼广、隆起；萼片宿存；果肉绿白色，质地细，致密，脆，汁液中等；风味酸甜，味香；品质中等；果心中等，正形，位于近萼端中位；萼筒圆锥形，中，与心室连通；心室卵形，无絮状物；横切面心室闭；种子数9粒。可溶性固形物含量12.4%。

### 4. 生物学习性

萌芽力强，发枝力强，新梢一年平均长12.0cm，夏、秋梢生长量11.5cm；生长势中等；果台副梢抽生及连续结果能力中等，全树坐果；坐果力强，生理落果少，采前落果少；4年开始结果，7～8年进入盛果期，丰产，大小年不显著，盛果期单株产量20kg，萌芽期3月中旬，开花期4月上旬；果实采收期9月下旬，落叶期11月中旬。

## 🔲 品种评价

抗病，广适性，耐贫瘠，果实可食用；主要病虫害种类为红蜘蛛、蚜虫。

植株

叶片

果实

# 联峰林场 4 号

*Malus pumila* Mill.'Lianfenglinchang 4'

调查编号： LITZLJS009

所属树种： 苹果 *Malus pumila* Mill.

提 供 人： 高润红
电　　话： 13947185459
住　　址： 内蒙古农业大学

调 查 人： 刘佳芩
电　　话： 010–51503910
单　　位： 北京市农林科学院农业综合发展研究所

调查地点： 内蒙古自治区克什克腾旗经棚镇联峰林场

地理数据： GPS数据（海拔： 1294m，经度： E117°26'00"，纬度： N43°14'00"）

样本类型： 枝条、叶片、花、果实

## 生境信息

来源于当地，生于田间的坡地，影响因子主要有耕作；土地利用为人工林，壤土；种植年限为20年，种植面积6.7hm²。

## 植物学信息

### 1. 植株情况

树体高大，树势弱，树姿半开张，树形分枝形。乔木，树高3.5m，冠幅东西3.0m、南北2.0m，干高55.0cm，干周25.0cm；主干灰色，树皮光滑不裂，枝条密。

### 2. 植物学特征

1年生枝条挺直，褐色，平均节间长1.5cm，平均粗0.4cm，嫩梢上茸毛多，灰色，皮孔中等、凸、近圆形；成熟枝条灰褐色；叶芽三角形，茸毛中等，贴附；花芽瘦小，尖卵形，鳞片紧，茸毛中等；成龄叶中等，平均长6.0cm、宽3.0cm；叶片倒卵形，叶尖锐尖，叶基圆形，叶片浓绿色，绿色，叶缘复锯齿，叶面光滑，有光泽，叶背茸毛多，叶缘复锯齿，钝、粗、大，齿上无针刺，无腺体；叶姿微折，叶边波状，先端扭曲，与枝条所成角度锐角；叶柄平均长0.4cm，粗度中等，茸毛中等，颜色微红。

花序伞房状排列，每花序花数5朵，花瓣数目5片，花冠中等，平均直径1.8cm；花瓣粉白色，卵形；花蕾红色；花梗长度中等，平均长1.7cm，有茸毛，灰白；雄蕊11个，花药浅黄色，花粉量少，雌蕊6个，柱头比雄蕊低，开花较叶发育后。

### 3. 果实性状

果实纵径3.1cm，横径3.6m；平均单果重21g，最大果重24.5g，整齐；果实扁圆形，紫色，条纹长短相间，红色；果面光滑；果粉少，无光泽，无棱起，无锈斑；蜡质少，果点少、小、平；果梗中、细，近果端膨大呈肉质；梗洼深、广，锈斑无，萼片着生处浅洼；萼洼广，隆起，萼片宿存；果肉黄白色，质地细，致密，脆，汁液中等；风味酸甜适中，微香，品质下等；果心中等，正形，位于近萼端中位；萼筒圆锥形，中，与心室连通；心室卵形，无絮状物；横切面心室闭和；种子数7粒。可溶性固形物含量14.1%。

### 4. 生物学习性

萌芽力强，发枝力中等，新梢一年平均长7.0cm，夏、秋梢生长量7.5cm；生长势中等；果台副梢抽生及连续结果能力中等，全树坐果；坐果力强，生理落果少，采前落果少；4年开始结果，7～8年进入盛果期，丰产，大小年不显著，盛果期单株产量25kg，萌芽期3月中旬，开花期4月上旬；果实采收期9月下旬，落叶期11月中旬。

## 品种评价

抗病，广适性，耐贫瘠，果实可食用；主要病虫害种类为红蜘蛛、蚜虫。

植株

叶片

花

果实

# 联峰林场 5 号

*Malus pumila* Mill.'Lianfenglinchang 5'

调查编号：LITZLJS010

所属树种：苹果 *Malus pumila* Mill.

提 供 人：高润红
电　　话：13947185459
住　　址：内蒙古农业大学

调 查 人：刘佳芩
电　　话：010－51503910
单　　位：北京市农林科学院农业综合发展研究所

调查地点：内蒙古自治区克什克腾旗经棚镇联峰林场

地理数据：GPS数据（海拔：1294m，经度：E117°26'00"，纬度：N43°14'00"）

样本类型：枝条、叶片、花、果实

## 生境信息

来源于当地，生于田间的坡地，影响因子主要有耕作；土地利用为人工林，壤土；种植年限为20年，种植面积6.7hm²。

## 植物学信息

### 1. 植株情况

树体中等，树势强，树姿半开张，树形分枝形。乔木，树高3.0m，冠幅东西3.0m、南北2.5m，干高25.0cm，干周30.0cm；主干灰色，树皮光滑不裂，枝条密。

### 2. 植物学特征

1年生枝条挺直，褐色，平均节间长1.5cm，平均粗0.50cm，嫩梢上茸毛多，灰色，皮孔中等、凸、近圆形；成熟枝条灰褐色；叶芽三角形，茸毛中等，贴附；花芽瘦小，尖卵形，鳞片紧，茸毛中等；成龄叶中等，平均长5.5cm、宽2.5cm；叶片卵形，叶尖锐尖，叶基圆形，叶片浓绿色，叶面光滑，有光泽，叶背茸毛多，叶缘复锯齿，钝、粗、大，齿上无针刺，无腺体；叶姿微折，叶边波状，先端扭曲，与枝条所成角度锐角；叶柄平均长0.40cm，粗度中等，茸毛中等，颜色微红。

花序伞房状排列，每花序花数5朵，花瓣数目5片，花冠中等，平均直径2.0cm；花瓣粉白色，卵形；花蕾红色；花梗长度中等，平均长1.5cm，有茸毛，灰白；雄蕊11个，花药浅黄色，花粉量少，雌蕊6个，柱头比雄蕊低，开花较叶发育后。

### 3. 果实性状

果实纵径3.3cm，横径3.7m；平均单果重26.1g，最大果重27.9g，整齐；果实扁圆形，黄色，条纹长短相间，红色；果面光滑；果粉少，无光泽，无棱起，无锈斑，蜡质少，果点少、小、平；果梗中、细，近果端膨大呈肉质；梗洼深、广，锈斑无，萼片着生处浅注；萼洼广，隆起，萼片宿存；果肉黄白色，质地细，致密，脆，汁液中等；淡而微甜，品质下等；果心中等，正形，位于近萼端中位；萼筒圆锥形，中，与心室连通；心室卵形，无絮状物；横切面心室闭；种子数5粒。可溶性固形物含量12.9%。

### 4. 生物学习性

萌芽力强，发枝力强，新梢一年平均长13.0cm，夏、秋梢生长量12.0cm；生长势中等；果台副梢抽生及连续结果能力中等，全树坐果；坐果力强，生理落果少，采前落果少；4年开始结果，7～8年进入盛果期，丰产，大小年不显著，盛果期单株产量27.5kg，萌芽期3月中旬，开花期4月上旬；果实采收期9月下旬，落叶期11月中旬。

## 品种评价

抗病，广适性，耐贫瘠，果实可食用；主要病虫害种类为红蜘蛛、蚜虫。

植株

叶片

花

果实

# 山荆子 1 号

*Malus pumila* Mill.'Shanjingzi 1'

- 调查编号：LITZLJS011

- 所属树种：苹果 *Malus pumila* Mill.

- 提 供 人：高润红
  电　　话：13947185459
  住　　址：内蒙古农业大学

- 调 查 人：刘佳棽
  电　　话：010-51503910
  单　　位：北京市农林科学院农业综合发展研究所

- 调查地点：内蒙古自治区克什克腾旗经棚镇联峰林场

- 地理数据：GPS数据（海拔：1294m，经度：E117°23'00"，纬度：N43°11'00"）

- 样本类型：枝条、叶片、花、果实

## 生境信息

来源于当地，生于田间的坡地，影响因子主要有耕作；土地利用为人工林，壤土；种植年限为20年，种植面积6.7hm²。

## 植物学信息

### 1. 植株情况

树体高大，树势强，树姿开张，树形分枝形。乔木，树高3.5m，冠幅东西4.0m、南北4.0m，干高50.0cm，干周45.0cm；主干灰色，树皮光滑不裂，枝条密。

### 2. 植物学特征

1年生枝条挺直，褐色，平均节间长1.7cm，平均粗0.7cm，嫩梢上茸毛多，灰色，皮孔中等、凸、近圆形；成熟枝条灰褐色；叶芽三角形，茸毛中等，贴附；花芽瘦小，尖卵形，鳞片紧，茸毛中等；成龄叶中等，平均长5.5cm、宽2.1cm；叶片长卵圆形，叶尖锐尖，叶基圆形，叶片浓绿色，叶面光滑，有光泽，叶背茸毛多，叶缘复锯齿，钝、粗、大，齿上无针刺，无腺体；叶姿微折，叶边波状，先端扭曲，与枝条所成角度锐角；叶柄平均长0.50cm，粗度中等，茸毛中等，颜色微红。

花序伞房状排列，每花序花数5朵，花瓣数目5片，花冠中等，平均直径2.5cm；花瓣粉白色，卵形；花蕾红色；花梗长度中等，平均长1.5cm，有茸毛，灰白；雄蕊13个，花药浅黄色，花粉量少，雌蕊6个，柱头比雄蕊低，开花较叶发育后。

### 3. 果实性状

果实纵径3.4cm，横径3.8cm；平均单果重26g，最大果重20g，整齐；果实卵圆形，绿黄色，条纹长短相间，红色；果面光滑；果粉少，无光泽，无棱起，无锈斑；蜡质少，果点少、小、平；果梗中、细，近果端膨大呈肉质；梗洼深、广，锈斑无，萼片着生处浅洼；萼洼广，隆起，萼片脱落；果肉乳白色，质地细，致密，脆，汁液中等；淡而微甜，品质下等；果心中等，正形，位于近萼端中位；萼筒圆锥形，中，与心室连通；心室卵形，无絮状物；横切面心室闭；种子数9粒。可溶性固形物含量14.6%。

### 4. 生物学习性

萌芽力强，发枝力强，新梢一年平均长12.0cm，夏、秋梢生长量11.0cm；生长势中等；果台副梢抽生及连续结果能力中等，全树坐果；坐果力强，生理落果少，采前落果少；4年开始结果，7~8年进入盛果期，丰产，大小年不显著，盛果期单株产量27.5kg，萌芽期3月中旬，开花期4月上旬；果实采收期9月下旬，落叶期11月中旬。

## 品种评价

抗病，广适性，耐贫瘠，果实可食用。

植株

叶片

花

果实

# 山荆子5号

*Malus pumila* Mill.'Shanjingzi 5'

调查编号：LITZLJS012

所属树种：苹果 *Malus pumila* Mill.

提 供 人：高自起
电　　话：13716280587
住　　址：北京市延庆区大庄科乡慈
　　　　　母川村

调 查 人：刘佳琴
电　　话：010－51503910
单　　位：北京市农林科学院农业综
　　　　　合发展研究所

调查地点：内蒙古自治区乌兰察布市
　　　　　凉城县蛮汉镇

地理数据：GPS数据（海拔：577m，
　　　　　经度：E112°10′58.86″，纬度：N40°42′18.76″）

样本类型：枝条、叶片、花、果实

## 生境信息

来源于当地，生于田间的坡地，影响因子主要有耕作；土地利用为人工林，壤土；种植年限为20年，种植面积3.3hm²。

## 植物学信息

### 1. 植株情况

树势强，树姿开张，树形分枝形。乔木，树高3.5m，冠幅东西3.0m、南北2.5m，干高35.0cm，干周25.0cm；主干灰色，树皮光滑不裂，枝条密。

### 2. 植物学特征

1年生枝条挺直，褐色，平均节间长1.5cm，平均粗0.5cm，嫩梢上茸毛多，灰色，皮孔中等、凸，近圆形；成熟枝条灰褐色；叶芽三角形，茸毛中等，贴附；花芽瘦小，尖卵形，鳞片紧，茸毛中等；成龄叶中等，平均长5.5cm、宽2.1cm；叶片卵形，叶尖锐尖，叶基圆形，叶片浓绿色，叶面光滑，有光泽，叶背茸毛多，叶缘复锯齿，钝，粗、大，齿上无针刺，无腺体；叶姿微折，叶边波状，先端扭曲，与枝条所成角度锐角；叶柄平均长0.50cm，粗度中等，茸毛中等。

花序伞房状排列，每花序花数5朵，花瓣数目5片，花冠中等，平均直径2.5cm；花瓣粉白色，卵形；花蕾红色；花梗长度中等，平均长1.5cm，有茸毛，灰白；雄蕊15个，花药浅黄色，花粉量少，雌蕊6个，柱头比雄蕊低，开花较叶发育后。

### 3. 果实性状

果实纵径1.0cm，横径0.9m；平均单果重13g，最大果重21g，整齐；果实卵圆形，紫色，条纹长短相间，红色；果面光滑；果粉少，无光泽，无棱起，无锈斑；蜡质少，果点少、小、平；果梗中、细，近果端膨大呈肉质；梗洼深、广，锈斑无，萼片着生处浅洼；萼洼广，隆起，萼片脱落；果肉黄白色，质地细，致密，脆，汁液中等；无香气，品质劣；果心中等，正形，位于近萼端中位；萼筒圆锥形，中，与心室连通；心室卵形，无絮状物；横切面心室闭；种子数9粒。

### 4. 生物学习性

萌芽力强，发枝力中等，新梢一年平均长7.0cm，夏、秋梢生长量6.0cm；生长势中等；果台副梢抽生及连续结果能力中等，全树坐果；坐果力强，生理落果少，采前落果少；4年开始结果，7～8年进入盛果期，丰产，大小年不显著，盛果期单株产量22.5kg，萌芽期3月中旬，开花期4月上旬；果实采收期9月下旬，落叶期11月中旬。

## 品种评价

抗病，广适性，耐贫瘠，果实可食用。

植株

叶片

花

果实

# 慈母川小苹果

*Malus pumila* Mill.'Cimuchuanxiaopingguo'

调查编号：LITZLJS013

所属树种：苹果 *Malus pumila* Mill.

提 供 人：高自起
电　　话：13716280587
住　　址：北京市延庆区大庄科乡慈
　　　　　母川村

调 查 人：刘佳琴
电　　话：010－51503910
单　　位：北京市农林科学院农业综
　　　　　合发展研究所

调查地点：北京市延庆区大庄科乡慈
　　　　　母川村

地理数据：GPS数据（海拔：527m，
经度：E116°11'44.76"，纬度：N40°42'18.77"）

样本类型：枝条、叶片、花、果实

## 生境信息

来源于当地，生于田间的坡地，影响因子主要有耕作；土地利用为人工林，壤土；种植年限为20年，种植面积3.3hm²。

## 植物学信息

### 1. 植株情况

树势强，树姿开张，树形圆形。乔木，树高2.5m，冠幅东西3.0m、南北2.0m，干高25.0cm，干周30.0cm；主干灰色，树皮光滑不裂，枝条密。

### 2. 植物学特征

1年生枝条挺直，褐色，平均节间长1.5cm，平均粗0.5cm，嫩梢上茸毛多，灰色，皮孔中等、凸、近圆形；成熟枝条灰褐色；叶芽三角形，茸毛中等，贴附；花芽瘦小，尖卵形，鳞片紧，茸毛中等；成龄叶中等，平均长5.5cm、宽2.1cm；叶片圆形，叶尖渐尖，叶基圆形，叶片浓绿色，叶面光滑，有光泽，叶背茸毛多，叶片锯齿钝，粗、大，齿上无针刺，无腺体；叶姿微折，叶边波状，先端扭曲，与枝条所成角度锐角；叶柄平均长0.5cm，粗度中等，茸毛中等，颜色微红。

花序总状排列，每花序花数5朵，花瓣数目5片，花冠中等，平均直径2.5cm；花瓣粉白色，卵形；花蕾红色；花梗长度中等，平均长1.5cm，有茸毛，灰白；雄蕊15个，花药浅黄色，花粉量少，雌蕊6个，柱头比雄蕊低，开花较叶发育后。

### 3. 果实性状

果实纵径3.6cm，横径4.7m；平均单果重48g，最大果重60g，整齐；果实扁圆形，红色，条纹长短相间，红色；果面光滑；果粉少，无光泽，无棱起，无锈斑；蜡质少，果点少、小、平；果梗中、细，近果端膨大呈肉质；梗洼深、广，锈斑无，萼片着生处浅洼；萼洼广，隆起，萼片宿存；果肉黄白色，质地细，致密，脆，汁液中等，味酸，品质中等；果心中等，正形，位于近萼端中位；萼筒圆锥形，中，与心室连通；心室卵形，无絮状物；横切面心室闭；种子数9粒。可溶性固形物含量10.4%。

### 4. 生物学习性

萌芽力强，发枝力中等，新梢一年平均长7.5cm，夏、秋梢生长量7.0cm；生长势中等；果台副梢抽生及连续结果能力中等，全树坐果；坐果力强，生理落果少，采前落果少；4年开始结果，7～8年进入盛果期，丰产，大小年不显著，盛果期单株产量25kg，萌芽期3月中旬，开花期4月上旬；果实采收期9月下旬，落叶期11月中旬。

## 品种评价

抗病，广适性，耐贫瘠，果实可食用。

植株

叶片

花

果实

# 日坝村苹果 1号

*Malus pumila* Mill.'Ribacunpingguo 1'

调查编号： CAOSYMHP009

所属树种： 苹果 *Malus pumila* Mill.

提供人： 洛拥
电　　话： 18798952984
住　　址： 西藏自治区昌都市左贡县绕金乡日坝村

调查人： 马和平
电　　话： 13989043075
单　　位： 西藏农牧学院高原生态研究所

调查地点： 西藏自治区昌都市左贡县绕金乡日坝村

地理数据： GPS数据（海拔：2591m，经度：E97°58'7.6"，纬度：N29°14'0.0"）

样本类型： 种子、果实、叶片、枝条

## 生境信息

来源于当地，生于庭院中坡度为4°的河谷地，该土地为人工林，土壤质地为砂壤土。现存若干株，种植农户为1户。

## 植物学信息

### 1. 植株情况

繁殖方法为嫁接，树势强，树姿直立，树形圆头形，乔木。树高5.0m，冠幅东西6.0m、南北5.0m，干高70cm，主干灰色，树皮块状裂，枝条密。

### 2. 植物学特征

1年生枝条挺直，褐色，较长，节间平均长3.0cm，粗度中等，平均粗度0.7cm，嫩梢茸毛少，梢尖茸毛灰色；成熟枝条灰褐色。叶芽大小中等，卵圆形，芽被茸毛中等，花芽肥大，芽被茸毛中等；成龄叶小，平均长8.0cm、宽5.5cm；叶片倒卵圆形，叶尖渐尖，叶基圆形，叶片绿色，叶面皱缩，叶背茸毛中等，叶片锯齿钝，齿上无针刺，无腺体，叶边平直，先端扭曲，与枝条所成角度锐角，叶柄平均长3.5cm，相当叶长的1/2，叶柄细，茸毛中等，黄绿色。

花序伞状排列；每花序花数6朵，花瓣数目5片，花冠大，平均直径4.9cm；花瓣白色，圆形，边缘波状；花梗长度中等，平均长3.9cm，有茸毛，微红；雄蕊5个，花药浅黄色，花粉多，雌蕊16个，柱头比花蕊低。

### 3. 果实性状

果实纵径6.0cm，横径8.0cm；平均果重135g，最大果重140g，整齐度一致；果形扁圆形；果皮淡红色，条纹长，浅红相间；果面光滑，有光泽，无棱起，无锈斑；果点少、小、平，蜡质少，果梗短；果肉为乳白色，质地疏松，汁液多；风味酸甜，风味甜，味淡，无涩味，微香；果心小，不正形；心室卵形，无絮状物；种子数5粒。可溶性固形物含量15.01%。

### 4. 生物学习性

生长势强，萌芽力强，发枝力强，新梢平均一年长47.8cm，夏、秋梢生长量30.4cm；开始结果年龄4年，盛果期年龄20年；长果枝比例为20%，中果枝比率为35%，短果枝比例为35%；坐果力强，连续结果能力强，全树成熟不一致，成熟期轻微落果，一季结果，丰产，大小年不显著，盛果期单株产量225kg。

## 品种评价

高产，耐贫瘠，果实可食用；无病虫害危害；对寒、旱、涝、瘠、盐、风、日灼等恶劣环境有较强抵抗能力。

植株

叶片

花

果实

# 娘龙西府海棠

*Malus × micromalus* Makino
'Nianglongxifuhaitang'

调查编号：CAOSYMHP020

所属树种：西府海棠 *Malus × micro-malus* Makino

提供人：巴姆
电　话：13618944292
住　址：西藏自治区林芝市米林县
　　　　羌纳乡娘龙村

调查人：马和平
电　话：13989043075
单　位：西藏农牧学院高原生态研
　　　　究所

调查地点：西藏自治区林芝市米林县
　　　　　羌纳乡娘龙村

地理数据：GPS数据（海拔：2934m，
　　　　　经度：E94°31'46.3"，纬度：N29°25'44.2"）

样本类型：种子、果实、叶片、枝条

## 生境信息

来源于当地，生于庭院中坡度为1°的河谷地，该土地为耕地，土壤质地为砂壤土。pH7.2，种植年限42年，土壤现存1株，种植农户为1户。

## 植物学信息

### 1. 植株情况

繁殖方法为嫁接，树势强，树姿直立，树形圆头形。乔木，树高10.8m，冠幅东西7.1m、南北6.4m，干高146.0cm，干周169.0cm；主干褐色，树皮块状裂，枝条密度中等。

### 2. 植物学特征

1年生枝条下垂，褐色，粗度中等；成熟枝条灰褐色。叶芽大小中等，卵圆形，芽被茸毛多，离生；花芽肥大，心脏形，鳞片紧密，茸毛中等；成龄叶大，平均长14.5cm、宽9.0cm；叶片卵形，叶尖渐尖，叶基圆形，叶片浓绿色，叶面光滑，无光泽，叶背无茸毛，叶片锯齿锐，齿上无针刺，无腺体；叶姿平展，叶边平直，先端不扭曲，与枝条所成角度锐角，叶柄平均长3.8cm，叶柄粗度中等，茸毛少，颜色微红。

花序排列伞状，每花序花数7朵，花瓣数目5片，花冠大，平均直径5.2cm；花瓣白色，圆形，边缘波状；花梗长，平均长4.1cm，有茸毛，微红；雄蕊6个，花药浅黄色，花粉多，雌蕊18个，柱头比雄蕊低。

### 3. 果实性状

果实纵径3.8cm，横径4.3cm；平均单果重38g，最大果重41g，整齐度不一致；果形扁圆形；果皮橙黄色，条纹长，浅红相间；果面光滑，有光泽，无棱起，无锈斑；果点少、小、平，蜡质多，果梗短；果肉橙黄色，质地致密，汁液多；风味酸甜，味淡，无涩味，微香；果心小，不正形；心室卵形，无絮状物；种子数5粒。可溶性固形物含量16.04%。

### 4. 生物学习性

生长势强，萌芽力强，发枝力强，新梢平均一年长48.1cm，夏、秋梢生长量31.2cm，开始结果年龄为3年，盛果期年龄为20年，长果枝比例为10%，中果枝比例为35%，短果枝比例为60%；坐果力强，连续结果能力强，全树一致成熟，成熟期落果轻微，一季结果，丰产，大小年不显著，单株平均产量（盛果期）达250kg。

## 品种评价

高产，抗病，耐贫瘠，果实可食用；无病虫害危害；对寒、旱、涝、瘠、盐、风、日灼等恶劣环境有较强抵抗能力。

小生境

植株

叶片

花

果实

# 娘龙红冠

*Malus pumila* Mill.'Nianglonghongguan'

调查编号： CAOSYMHP021

所属树种： 苹果 *Malus pumila* Mill.

提供人： 巴拉
电　话： 13989043665
住　址： 西藏自治区林芝市米林县
　　　　羌纳乡娘龙村

调查人： 马和平
电　话： 13989043075
单　位： 西藏农牧学院高原生态研
　　　　究所

调查地点： 西藏自治区林芝市米林县
　　　　羌纳乡娘龙村

地理数据： GPS数据（海拔：2940m，
　　　　经度：E94°31'46.1"，纬度：N29°25'44.2"）

样本类型： 叶片、花、枝条

## 生境信息

来源于外地，生于庭院中平地，该土地为耕地，土壤质地为砂壤土。pH6.8，种植年限10年，土壤现存1株，种植农户为1户。

## 植物学信息

### 1. 植株情况

繁殖方法为嫁接，树势强，树姿半开张，树形半圆形。乔木，树高4.5m，冠幅东西5.0m、南北5.0m，干高115.0cm，干周44.0cm；主干褐色，树皮光滑不裂，枝条密。

### 2. 植物学特征

1年生枝条挺直，褐色，平均粗度0.70cm，平均节间长5.0cm，嫩梢上茸毛多；皮孔小、少、凸，椭圆形；成熟枝条灰褐色；成龄叶大，平均长11.0cm、宽5.5cm；叶片椭圆形，叶尖渐尖，叶基圆形，叶片浓绿色，叶面光滑，有光泽，叶背茸毛多，叶片锯齿钝，齿上无针刺，无腺体；叶姿两侧向内，叶边平直，先端不扭曲，与枝条所成角度锐角，叶柄平均长4.5cm，叶柄粗度中等，茸毛中等，颜色微红。

花序排列伞状，每花序花数4~5朵，花瓣数目5片，花冠大，平均直径4.1cm；花瓣浅粉红色，圆形，边缘无变化；花梗长，平均长2.3cm，有茸毛，微红；雄蕊5个，花药浅黄色，花粉量中等，雌蕊20个，柱头比雄蕊低。

### 3. 果实性状

果实纵径6.6cm，横径7.0cm；平均单果重142g，最大果重162g，整齐度不一致；果形短圆锥形；果皮淡绿色，条纹长，红色；果面光滑，有光泽，无棱起，片状锈；果点多、小、平，蜡质少，果梗短；果肉浅绿色，质地致密，汁液多；风味淡而微甜，无涩味，微香；果心小，不正形；心室圆形，有絮状物；种子数7粒。可溶性固形物含量11.45%。

### 4. 生物学习性

生长势强，萌芽力强，发枝力强，新梢平均一年长56.0cm，夏、秋梢生长量27.0cm，开始结果年龄为5年，盛果期年龄为15年；坐果力强，连续结果能力强，全树一致成熟，成熟期落果轻微，一季结果，丰产，大小年不显著，单株平均产量（盛果期）达75kg。

## 品种评价

高产，抗病，耐贫瘠，果实可食用；无病虫害危害；对寒、旱、涝、瘠、盐、风、日灼等恶劣环境有较强抵抗能力。

小生境

植株

叶片

花

果实

# 娘龙红元帅

*Malus pumila* Mill.
'Nianglonghongyuanshuai'

调查编号：CAOSYMHP022

所属树种：苹果 *Malus pumila* Mill.

提供人：巴拉
电　话：13989043665
住　址：西藏自治区林芝市米林县
　　　　羌纳乡娘龙村

调查人：马和平
电　话：13989043075
单　位：西藏农牧学院高原生态研
　　　　究所

调查地点：西藏自治区林芝市米林县
　　　　　羌纳乡娘龙村

地理数据：GPS数据（海拔：2940m，
　　　　　经度：E94°31'46.2"，纬度：N29°25'43.2"）

样本类型：叶片、花、枝条

## 生境信息

来源于外地，生于庭院中平地，该土地为耕地，土壤质地为砂壤土。pH6.8，种植年限10年，土壤现存1株，种植农户为1户。

## 植物学信息

### 1. 植株情况

繁殖方法为嫁接，树势强，树姿半开张，树形半圆形。乔木，树高5.0m，冠幅东西6.3m、南北7.1m，干高160.0cm，干周65.0cm；主干褐色，树皮光滑不裂，枝条密。

### 2. 植物学特征

1年生枝条下垂，褐色，平均粗度0.6cm，平均节间长2.5cm，嫩梢上茸毛多；皮孔小、少、凸，椭圆形；成熟枝条灰褐色；叶芽卵圆形，茸毛中等，离生；花芽肥大，心脏形，鳞片紧，茸毛中等；成龄叶大小中等，平均长6.5cm、宽4.0cm；叶片椭圆形，叶尖渐尖，叶基楔形，叶片浓绿色，叶面光滑，有光泽，叶背茸毛多，叶片锯齿锐，齿上无针刺，无腺体；叶姿微折，叶边平直，先端不扭曲，与枝条所成角度锐角；叶柄平均长4.0cm，叶柄粗度中等，茸毛中等，颜色微红。

花序排列伞状，每花序花数4～5朵，花瓣数目5片，花冠大，平均直径3.5cm；花瓣浅粉红色，圆形，边缘波状；花梗长，平均长3.1cm，有茸毛，微红；雄蕊4个，花药浅黄色，花粉量中等，雌蕊15个，柱头比雄蕊低。

### 3. 果实性状

果实纵径4.6cm，横径5.0cm；平均单果重48.8g，最大果重93g，整齐度不一致；果形斜形；果皮淡红色，条纹短，红色；果面光滑，有光泽，无棱起，条状锈；果点多、小、平，蜡质少，果梗长度中等；果肉浅绿色，质地致密，汁液特多；风味极甜，无涩味，微香；果心小，不正形；心室圆形，有絮状物；种子数5粒。可溶性固形物含量13.85%。

### 4. 生物学习性

生长势中等，萌芽力中等，发枝力中等，新梢平均一年长19.0cm，夏、秋梢生长量9.5cm，开始结果年龄为5年，盛果期年龄为15年；长果枝比例为15%，中果枝比例为38%，短果枝比例为57%，腋花芽结果比例45%；坐果力强，连续结果能力强，全树一致成熟，成熟期落果轻微，一季结果，丰产，大小年不显著，单株平均产量（盛果期）达100kg。

## 品种评价

高产，抗病，果实可食用；无病虫害危害；对寒、旱、涝、瘠、盐、风、日灼等恶劣环境有较强抵抗能力。

生境

植株

叶片

花

果实

# 娘龙黄元帅

*Malus pumila* Mill.
'Nianglonghuangyuanshuai'

调查编号：CAOSYMHP023

所属树种：苹果 *Malus pumila* Mill.

提 供 人：巴拉
电　　话：13989043665
住　　址：西藏自治区林芝市米林县
　　　　　羌纳乡娘龙村

调 查 人：马和平
电　　话：13989043075
单　　位：西藏农牧学院高原生态研
　　　　　究所

调查地点：西藏自治区林芝市米林县
　　　　　羌纳乡娘龙村

地理数据：GPS数据（海拔：2940m，
　　　　　经度：E94°31'46.2"，纬度：N29°25'43.2"）

样本类型：叶片、花、枝条

## 生境信息

来源于外地，生于庭院中平地，该土地为耕地，土壤质地为砂壤土。pH6.9，种植年限10年，土壤现存1株，种植农户为1户。

## 植物学信息

### 1. 植株情况

繁殖方法为嫁接，树势中等，树姿半开张，树形半圆形。乔木，树高4.3m，冠幅东西5.3m、南北5.5m，干高120.0cm，干周52.0cm；主干灰色，树皮块状裂，枝条中等密度。

### 2. 植物学特征

1年生枝条挺直，褐色，平均粗度0.4cm，平均节间长3.0cm，嫩梢上茸毛多；皮孔小、少、凸，椭圆形；成熟枝条灰褐色；成龄叶小，平均长8.5cm、宽4.8cm；叶片倒卵圆形，叶尖渐尖，叶基楔形，叶片绿色，叶面光滑，有光泽，叶背茸毛多，叶片锯齿钝，齿上无针刺，无腺体；叶姿微折，叶边平直，先端不扭曲，与枝条所成角度锐角；叶柄平均长2.6cm，叶柄粗度中等，茸毛中等，颜色微红。

花序伞房状排列，每花序花数4朵，花瓣数目5片，花冠中等，平均直径1.6cm；花瓣粉红色，卵形；花蕾红色；花梗长度中等，平均长1.8cm，有茸毛，灰白；雄蕊12个，花药红色，花粉量少，雌蕊6个，柱头比雄蕊低，开花较叶发育后。

### 3. 果实性状

果实纵径6.2cm，横径6.6cm，平均单果重107g，最大果重123g，整齐度不一致；果形短圆锥形；果皮绿黄色，条纹短，浅红色；果面粗糙，无光泽，有棱起，片状锈；果点多、小、平，无蜡质，果梗长度中等；果肉浅绿色，质地致密；汁液多，风味酸甜，有涩味，微香；果心小，不正形；心室不规则形，无絮状物；种子数6粒。可溶性固形物含量12.76%。

### 4. 生物学习性

生长势中等，萌芽力中等，发枝力中等，新梢平均一年长37.0cm，夏、秋梢生长量28.0cm，开始结果年龄为4年，盛果期年龄为15年；长果枝比例为75%，中果枝比例为15%，短果枝比例为10%；坐果力强，连续结果能力强，全树一致成熟，成熟期落果轻微，一季结果，丰产，大小年不显著，单株平均产量（盛果期）达75kg。

## 品种评价

高产，抗病，果实可食用；无病虫害危害；对修剪反应不敏感；对寒、旱、涝、瘠、盐、风、日灼等恶劣环境有较强抵抗能力。

生境

植株

叶片

花

果实

# 娘龙秦冠

*Malus pumila* Mill.'Nianglongqinguan'

🔖 调查编号：CAOSYMHP024

📋 所属树种：苹果 *Malus pumila* Mill.

📄 提供人：旺次
电　话：13618949363
住　址：西藏自治区林芝市米林县羌纳乡娘龙村

🔍 调查人：马和平
电　话：13989043075
单　位：西藏农牧学院高原生态研究所

📍 调查地点：西藏自治区林芝市米林县羌纳乡娘龙村

🌐 地理数据：GPS数据（海拔：2942m，经度：E94°31'46.4"，纬度：N29°25'42.9"）

🖼 样本类型：叶片、花、枝条

## 📋 生境信息

来源于外地，生于田间中河谷地，该土地为耕地，土壤质地为砂壤土。pH6.9，种植年限42年，土壤现存1株，种植农户为1户。

## 📑 植物学信息

### 1. 植株情况

繁殖方法为嫁接，树势弱，树姿半开张，树形半圆形。乔木，树高3.5m，冠幅东西4.3m、南北4.6m，干高104.0cm，干周45.0cm；主干黑色，树皮块状裂，枝条疏松。

### 2. 植物学特征

1年生枝条细弱，灰色，平均粗度0.7cm，平均节间长0.3cm，嫩梢上茸毛中等；皮孔小、少、凸，椭圆形；成熟枝条灰褐色；叶芽椭圆形，茸毛中等，离生；花芽尖卵形，茸毛中等；成龄叶大小中等，平均长5.7cm、宽3.5cm；叶片倒卵圆形，叶尖渐尖，叶基楔形，叶片浅绿色，叶面光滑，有光泽，叶背茸毛多，叶片锯齿锐，齿上无针刺，无腺体；叶姿微折，叶边平直，先端不扭曲，与枝条所成角度锐角；叶柄平均长2.3cm，叶柄粗度中等，茸毛少，颜色微红。

每花序花数5朵，花瓣数目5片，花冠大，平均直径4.7cm；花瓣粉红色，椭圆形，边缘波状；花蕾粉红色；花梗长，平均长3.0cm，有茸毛，微红；雄蕊4个，花药浅黄色，花粉量中等，雌蕊21个，柱头比雄蕊低。

### 3. 果实性状

果实纵径6.6cm，横径6.7cm；平均单果重123g，最大果重142g，整齐度不一致；果形扁圆形；果皮绿黄色，条纹长，浅红相间；果面光滑，果粉少，有光泽，有棱起，片状锈；果点多、小、平，蜡质少，果梗短；果肉淡黄色，质地致密，汁液量中等；风味酸甜，有涩味，微香；果心小，不正形，心室卵形；种子数7粒。可溶性固形物含量15.15%。

### 4. 生物学习性

生长势弱，萌芽力强，发枝力弱，新梢平均一年长1.0cm，夏、秋梢生长量0.6cm，开始结果年龄为6年，盛果期年龄为15年；长果枝比例为5%，中果枝比例为15%，短果枝比例为80%，腋花芽结果比例65%；坐果力弱，连续结果能力弱，成熟期轻微落果，丰产性弱，大小年显著，单株平均产量（盛果期）达30kg。

## 📋 品种评价

抗病，果实可食用；易受棉蚜虫危害；对修剪反应不敏感；对寒、旱、涝、瘠、盐、风、日灼等恶劣环境有较强抵抗能力。

植株

叶片

花

果实

# 娘龙古秀琼琼

*Malus pumila* Mill.
'Nianglongguxiuqiongqiong'

調查編号：CAOSYMHP038

所属树种：苹果 *Malus pumila* Mill.

提 供 人：旺次
电　　话：13618949363
住　　址：西藏自治区林芝市米林县羌纳乡娘龙村

调 查 人：马和平
电　　话：13989043075
单　　位：西藏农牧学院高原生态研究所

调查地点：西藏自治区林芝市米林县羌纳乡娘龙村

地理数据：GPS数据（海拔：2954m，经度：E94°31'48.9"，纬度：N29°25'42.4"）

样本类型：叶片、花、枝条

## 生境信息

来源于当地，生于田间中河谷地，该土地为耕地，土壤质地为砂壤土。pH6.9，种植年限42年，土壤现存1株，种植农户为1户。

## 植物学信息

### 1. 植株情况
繁殖方法为嫁接，树势弱，树姿半开张，树形半圆形。乔木，树高4.0m，冠幅东西7.0m、南北5.0m，干高66.0cm，干周35.0cm；主干灰色，树皮光滑不裂，枝条疏松。

### 2. 植物学特征
1年生枝条挺直，红色，平均粗度0.56cm，平均节间长3.0cm，嫩梢上茸毛多；皮孔大小中等、少、凸，椭圆形；成熟枝条灰褐色；叶芽三角形，茸毛中等，贴生；花芽瘦小，球形，鳞片松，茸毛中等；成龄叶大，平均长11.0cm、宽5.0cm；叶片椭圆形，叶尖渐尖，叶基楔形，叶片绿色，叶面光滑，有光泽，叶背茸毛多，叶片锯齿钝，齿上无针刺，无腺体；叶姿微折，叶边平直，先端不扭曲，与枝条所成角度锐角；叶柄平均长4.0cm，叶柄粗度中等，茸毛少，颜色微红。

花序伞状排列，每花序花数5朵，花瓣数目5片，花冠大，平均直径5.1cm；花瓣粉红色，椭圆形，边缘波状；花蕾粉红色；花梗长，平均长4.2cm，有茸毛，微红；雄蕊5个，花药浅黄色，花粉量中等，雌蕊20个，柱头比雄蕊低。

### 3. 果实性状
果实纵径3.8cm，横径4.3cm；平均单果重34g，最大果重42g，整齐度一致；果形扁圆形；果皮淡绿色，条纹短，浅红相间；果面光滑，果粉少，有光泽，无棱起，片状锈；果点多、小、平，蜡质少，果梗长度中等；果肉乳白色，质地疏松；汁液量中等，风味甜，味浓郁，无涩味，浓香；果心小，不正形；心室心形；种子数6粒。可溶性固形物含量11.66%。

### 4. 生物学习性
生长势弱，萌芽力强，发枝力弱，新梢平均一年长44.0cm，夏、秋梢生长量28.0cm，开始结果年龄为5年，盛果期年龄为10年；长果枝比例为3%，中果枝比例为7%，短果枝比例为90%，腋花芽结果比例42%；坐果力弱，连续结果能力强，成熟期落果中等，丰产性弱，大小年显著，单株平均产量（盛果期）达40kg。

## 品种评价

抗病，耐盐碱，耐贫瘠，果实可食用；易受棉蚜虫危害；对修剪反应不敏感；对寒、旱、涝、瘠、盐、风、日灼等恶劣环境抵抗能力强。

植株

叶片

花

果实

# 林芝凤凰卵

*Malus pumila* Mill.'Linzhifenghuangluan'

调查编号：CAOSYMHP044

所属树种：苹果 *Malus pumila* Mill.

提 供 人：程伟琪
电　　话：13908945010
住　　址：西藏自治区林芝市巴宜区
　　　　　育才西路100号

调 查 人：马和平
电　　话：13989043075
单　　位：西藏农牧学院高原生态研
　　　　　究所

调查地点：西藏自治区林芝市八一镇
　　　　　章麦村

地理数据：GPS数据（海拔：3109m，
　　　　　经度：E94°20'3.93"，纬度：N29°40'7.14"）

样本类型：茎

## 生境信息

来源于外地，地带及植被类型为果园，禾草，伴生物种为禾草；平地，影响因子主要有砍伐；土壤质地为砂壤土。pH6.4，种植年限20年，土壤现存1株，最大树龄15年。

## 植物学信息

### 1. 植株情况

繁殖方法为无性繁殖，树势弱，树姿半开张，树形半圆形。乔木，树高4.5m，冠幅东西4.0m、南北6.0m，干高35.0cm，干周42.0cm；主干灰色，树皮光滑不裂，枝条疏松。

### 2. 植物学特征

1年生枝条细弱，褐色，平均粗度0.7cm，平均节间长2.0cm，嫩梢上茸毛多；皮孔小、中等、少、平、近圆形；成熟枝条灰褐色；叶芽三角形，茸毛中等，离生；花芽瘦小，尖卵形，鳞片紧，茸毛中等；成龄叶大，平均长9.5cm、宽5.0cm；叶片倒卵形，叶尖急尖，叶基楔形，叶片绿色，叶面光滑，有光泽，叶背茸毛多，叶片锯齿锐、粗、大，齿上无针刺，无腺体；叶姿微折，叶边波状，先端扭曲，与枝条所成角度锐角；叶柄平均长3.7cm，叶柄粗度中等，茸毛中等，颜色黄绿。

花序总状排列，每花序花数6朵，花瓣数目5片，花冠中等，平均直径3.4cm；花瓣浅红色，卵形；花蕾粉红色；花梗长度中等，平均长1.7cm，有茸毛，浅绿；雄蕊10个，花药浅黄色，花粉量少，雌蕊8个，柱头比雄蕊低，开花较叶发育后。

### 3. 果实性状

果实纵径6.2cm，横径6.7cm；平均单果重132g，最大果重148g，不整齐；果实扁圆形，淡绿色，条纹短，浅红色；果面光滑，果粉少，有光泽，无棱起，片状锈斑；蜡质中等，果点中等，凸；果梗短、粗，上下粗细均匀，梗洼较深，有锈斑，条状；萼片着生处浅洼，萼洼中等，助状，萼片宿存；果肉白色，质地中等，致密，脆，汁液中等；风味淡而微甜，味淡，无涩味，微香，品质中等，果心中等，正形位于中位；萼筒壶形、中等，与心室连通；心室心形，横切面心室半开；种子数10粒；饱秕比例8：2。最佳食用期9月中旬至10月上旬，能贮至4月下旬。

### 4. 生物学习性

萌芽力弱，发枝力弱，新梢一年平均长3.2cm，夏、秋梢生长量2.7cm；生长势中等；开始结果年龄6年，盛果期年龄20年；长果枝5%，中果枝15%，短果枝80%，腋花芽结果70%；果台副梢抽生及连续结果能力强，坐果部位上部；坐果力强，生理落果少，采前落果少；产量低，大小年显著，单株平均产量（盛果期）15kg；萌芽期3月中旬，开花期5月中上旬；果实采收期10月中旬，落叶期10月下旬。

## 品种评价

抗病，广适性，耐贫瘠，果实可食用。

植株

花

叶片

果实

# 林芝青香蕉

*Malus pumila* Mill.'Linzhiqingxiangjiao'

调查编号： CAOSYMHP046

所属树种： 苹果 *Malus pumila* Mill.

提供人： 程伟琪
电　话： 13908945010
住　址： 西藏自治区林芝市巴宜区
　　　　育才西路100号

调查人： 马和平
电　话： 13989043075
单　位： 西藏农牧学院高原生态研
　　　　究所

调查地点： 西藏自治区林芝市八一镇
　　　　章麦村

地理数据： GPS数据（海拔：3109m，
　　　　经度：E94°20'3.93"，纬度：N29°40'7.14"）

样本类型： 枝条

## 生境信息

来源于外地，地带及植被类型为果园，禾草，伴生物种为禾草；平地，影响因子主要有砍伐；土壤质地为砂壤土。pH6.4，种植年限15年，土壤现存1株，最大树龄15年。

## 植物学信息

### 1. 植株情况

繁殖方法为无性繁殖，树势弱，树姿半开张，树形半圆形。乔木，树高4.7m，冠幅东西4.0m、南北3.9m，干高50.0cm，干周45.0cm；主干灰色，树皮块状裂，枝条疏松。

### 2. 植物学特征

1年生枝条挺直，褐色，平均节间长2.7cm，嫩梢上茸毛中等，灰色，皮孔中等、凸，近圆形；成熟枝条灰褐色；叶芽三角形，茸毛多，贴附；花芽瘦小，尖卵形，鳞片紧，茸毛中等；成龄叶中等，平均长8.3cm、宽5.4cm；叶片卵形，叶尖渐尖，叶基楔形，叶片绿色，叶面光滑，有光泽，叶背茸毛多，叶片锯齿锐，中等、大，齿上无针刺，无腺体；叶姿微折，叶边波状，先端扭曲，与枝条所成角度锐角；叶柄平均长3.5cm，粗度中等，茸毛多，颜色微红。

花序总状排列，每花序花数5~6朵，花瓣数目5片，花冠中等，平均直径3.4cm；花瓣粉红色，卵形；花蕾红色；花梗长度中等，平均长1.7cm，有茸毛，浅绿；雄蕊12个，花药浅黄色，花粉量少，雌蕊9个，柱头比雄蕊低，开花较叶发育前。

### 3. 果实性状

果实纵径4.9cm，横径5.6cm；平均单重73g，最大果重85g，不整齐；果实扁圆形，深红色，条纹长，红色；果面光滑，果粉少，有光泽，无棱起，斑状锈斑；蜡质中等，果点少、平；果梗中，上下粗细均匀，梗洼窄，有锈斑，片状；萼片着生处浅洼，萼洼广，肉瘤状，萼片宿存；果肉白色，质地粗，致密，梗，汁液少；风味微酸，浊香，有涩味，品质劣；果心小，位于中位；萼筒壶形，小，与心室连通；心室心形，横切面心室半开；种子数5粒。饱秕比例1：4。最佳食用期10月中旬至11月上旬。

### 4. 生物学习性

萌芽力强，发枝力中等，新梢一年平均长8.4cm，夏、秋梢生长量7.5cm；生长势中等；开始结果年龄5年，盛果期年龄18年；长果枝40%，中果枝45%，短果枝15%，腋花芽结果95%；果台副梢抽生及连续结果能力中等，外部坐果；坐果力弱，生理落果少，采前落果少；产量低，大小年显著，单株平均产量（盛果期）25kg；萌芽期3月中旬，开花期5月中上旬；果实采收期10月中旬，落叶期10月下旬。

## 品种评价

抗病，广适性，耐贫瘠，果实可食用。

植株

叶片

花

果实

# 林芝印度

*Malus pumila* Mill.'Linzhiyindu'

调查编号：CAOSYMHP047

所属树种：苹果 *Malus pumila* Mill.

提 供 人：程伟琪
电　　话：13908945010
住　　址：西藏自治区林芝市巴宜区
育才西路100号

调 查 人：马和平
电　　话：13989043075
单　　位：西藏农牧学院高原生态研究所

调查地点：西藏自治区林芝市八一镇章麦村

地理数据：GPS数据（海拔：3109m，经度：E94°20'3.93"，纬度：N29°40'7.14"）

样本类型：叶片、花、枝条

## 生境信息

来源于外地，地带及植被类型为果园，禾草，伴生物种为禾草；平地，影响因子主要有砍伐；土壤质地为砂壤土。pH6.4，种植年限15年，土壤现存1株。

## 植物学信息

### 1. 植株情况

繁殖方法为无性繁殖，树势强，树姿直立，树形半圆形。乔木，树高5.6m，冠幅东西6.1m、南北5.4m，干高30.0cm，干周44.0cm；主干灰色，树皮光滑不裂，枝条密。

### 2. 植物学特征

1年生枝条挺直，红色，平均节间长2.9cm，平均粗0.5cm，嫩梢上茸毛多，灰色，皮孔中等、凸，近圆形；成熟枝条灰褐色；叶芽三角形，茸毛中等，贴附；花芽瘦小，尖卵形，鳞片紧，茸毛中等；成龄叶大，平均长10.0cm，宽7.0cm；叶片圆形，叶尖圆钝，叶基圆形，叶片浓绿色，叶面光滑，有光泽，叶背茸毛多，叶片锯齿钝，粗、大，齿上无针刺，无腺体；叶姿微折，叶边波状，先端扭曲，与枝条所成角度锐角；叶柄平均长3.0cm，粗度中等，茸毛中等，颜色微红。

花序总状排列，每花序花数5朵，花瓣数目5片，花冠中等，平均直径3.5cm；花瓣粉红色，卵形；花蕾红色；花梗长度中等，平均长1.8cm，有茸毛，灰白；雄蕊11个，花药浅黄色，花粉量少，雌蕊6个，柱头比雄蕊低，开花较叶发育后。

### 3. 果实性状

果实纵径6.1cm，横径6.7cm；平均单果重104g，最大果重121g，不整齐；果实扁圆形，紫色，条纹短，红色；果面光滑，果粉少，有光泽，无棱起，斑状锈斑；蜡质少，果点中、凸；果梗中，近果端膨大呈肉质，梗洼较深，有锈斑，片状；萼片着生处浅洼，萼洼广，皱状，萼片宿存；果肉乳白色，果肉质地粗，致密，汁液少；风味微酸，味淡，有涩味，品质下等；果心小，不正形，近萼端；萼筒壶形，小，与心室连通；心室心形，横切面心室半开；种子数8粒；饱秕比例7：1。最佳食用期10月中旬至10月下旬，能贮至4月下旬。

### 4. 生物学习性

萌芽力强，发枝力强，新梢一年平均长17.5cm，夏、秋梢生长量13.4cm；生长势中等；果台副梢抽生及连续结果能力中等，全树坐果；坐果力强，生理落果少，采前落果少；产量中等，大小年显著，单株平均产量（盛果期）22.5kg；萌芽期4月中旬，开花期5月中上旬；果实采收期10月中旬，落叶期10月下旬。

## 品种评价

抗病，广适性，耐贫瘠，果实可食用。

植株

叶片

花

果实

# 林芝旭

*Malus pumila* Mill.'Linzhixu'

调查编号：CAOSYMHP048

所属树种：苹果 *Malus pumila* Mill.

提 供 人：程伟琪
电　　话：13908945010
住　　址：西藏自治区林芝市巴宜区
育才西路100号

调 查 人：马和平
电　　话：13989043075
单　　位：西藏农牧学院高原生态研
究所

调查地点：西藏自治区林芝市八一镇
章麦村农牧学院电站

地理数据：GPS数据（海拔：3109m，
经度：E94°20'3.93"，纬度：N29°40'7.14"）

样本类型：叶片、花、枝条

## 生境信息

来源于外地，地带及植被类型为果园，禾草，伴生物种为禾草；平地，影响因子主要有砍伐；土壤质地为砂壤土。pH6.4，种植年限20年，土壤现存1株。

## 植物学信息

### 1. 植株情况

繁殖方法为无性繁殖，树势中等，树姿直立，树形半圆形。乔木，树高5.0m，冠幅东西5.0m、南北5.8m，干高40.0m，干周35cm；主干灰色，树皮光滑不裂，枝条密。

### 2. 植物学特征

1年生枝条挺直，褐色，平均节间长1.5cm，平均粗0.6cm，嫩梢上茸毛多，灰色，皮孔中等、凸、近圆形；成熟枝条灰褐色；叶芽，小三角形，茸毛中等，贴附；花芽瘦小，尖卵形，鳞片紧，茸毛中等；成龄叶大，平均长6.0cm、宽4.8cm；叶片卵形，叶尖渐尖，叶基楔形，叶片浅绿色，叶面光滑，有光泽，叶背茸毛多，叶片锯齿锐，细、小，不整齐，重锯齿，齿上无针刺，无腺体；叶姿微折，叶边波状，先端扭曲，与枝条所成角度锐角；叶柄平均长3.7cm，粗度中等，茸毛多，颜色黄绿。

花序总状排列，每花序花数5朵，花瓣数目5片，花冠中等，平均直径3.7cm；花瓣粉红色，卵形；花蕾红色；花梗长度中等，平均长1.7cm，有茸毛，微红；雄蕊7个，花药浅黄色，花粉量少，雌蕊5个，柱头比雄蕊低，开花较叶发育后。

### 3. 果实性状

果实纵径4.8cm，横径4.9cm；平均单果重48g，最大果重63g，不整齐；果实扁圆形，暗红色，条纹长，红色；果面光滑，果粉少，有光泽，无棱起，斑状锈斑；蜡质中等，果点少、小、平；果梗中，上下粗细均匀，梗洼较深，有锈斑，片状；萼片着生处浅洼，萼洼中，肉瘤状，萼片宿存，形状聚合；果肉白色，质地粗，致密，脆，汁液少；风味微酸，味淡，浊香，有涩味，品质下等；果心小，不正形，近梗端；萼筒壶形，小，与心室连通；心室心形，横切面心室半开；种子数5粒；饱秕比例4∶1。最佳食用期10月中旬至11月上旬，能贮至4月下旬。

### 4. 生物学习性

萌芽力强，发枝力弱；新梢一年平均长2.4cm，夏、秋梢生长量1.8cm；生长势中等；果台副梢抽生及连续结果能力强，全树坐果，坐果力强，生理落果少，采前落果少；产量低，大小年显著，单株平均产量（盛果期）22.5kg；萌芽期3月中旬，开花期4月中上旬；果实采收期10月中旬，落叶期10月下旬。

## 品种评价

抗病，广适性，耐贫瘠，果实可食用；主要病虫害种类为锈病。

植株

叶片

花

果实

# 南伊沟野苹果

*Malus pumila* Mill.'NanyigouYepingguo'

调查编号： CAOSYZHC009

所属树种： 苹果 *Malus pumila* Mill.

提供人： 次仁朗杰
电　话： 13889041515
住　址： 西藏自治区林芝市河滨路6号

调查人： 周厚成
电　话： 13838007581
单　位： 西藏自治区林芝市科技局

调查地点： 西藏自治区林芝市米林县南伊珞巴民族乡南伊沟村

地理数据： GPS数据（海拔：3713m，经度：E94°12'2.12"，纬度：N29°10'18.49"）

样本类型： 枝条、叶片、种子、果实

## 生境信息

来源于当地，最大树龄为＞300年。地带及植被类型为山地，旷野小生境。受砍伐影响，处于平地。土地利用为原始林。属于砂土。种植年限＞300年。现存若干株，面积6.7hm²，种植农户数1。

## 植物学信息

### 1. 植株情况

乔木，繁殖方法为嫁接，树势弱，树姿直立，树形圆头形；树高18m，冠幅东西17m、南北20m，干高1.6m，干周200cm；主干灰色；树皮丝状裂，枝条密度疏。

### 2. 植物学特征

1年生枝条紫红色；有光泽，短，节间平均长0.5cm，粗度中等，平均粗0.5cm，皮孔小、多、凸、椭圆形；嫩梢上茸毛多，灰色；成熟枝条灰褐色；叶芽中等，卵圆形；茸毛中等，贴附；花芽肥大，尖卵形，鳞片紧，茸毛中等；成龄叶中等，叶片中等，长8.5cm、宽4.2cm，叶片卵形，叶尖锐尖，浓绿色；叶缘钝锯齿；叶基圆形，叶面光滑，有光泽，叶背茸毛多，叶缘复锯齿，钝，粗、大，齿上无针刺，无腺体；叶姿微折，叶边波状，先端扭曲，与枝条所成角度锐角；叶柄平均长1.5cm，叶柄粗度中等，茸毛中等，颜色微红。

花序伞房状排列，每花序花数5朵，花瓣数目5片，花冠中等，平均直径1.5cm；花瓣粉红色，卵形；花蕾红色；花梗长度中等，平均长1.6cm，有茸毛，灰白；雄蕊13个，花药红色，花粉量少，雌蕊6个，柱头比雄蕊低，开花较叶发育后。

### 3. 果实性状

果实纵径4.6cm，横径5.5cm；平均单果重75g，最大果重123g，不整齐；果实扁圆形，红色，条纹短，红色；果面光滑，果粉少，有光泽，无棱起，斑状锈斑；蜡质少，果点中、凸；果梗中，近果端膨大呈肉质，梗洼较深，有锈斑，片状；萼片着生处浅洼，萼洼广，皱状，萼片宿存；果肉乳白色，果肉质地粗，致密，梗，汁液少；风味微酸，味淡，有涩味，品质下等；果心小，不正形，近萼端；萼筒壶形，小，与心室连通；心室心形，横切面心室半开；种子数8粒；饱秕比例7：1。最佳食用期10月中旬至11月上旬，能贮至4月下旬。

### 4. 生物学习性

萌芽力强，发枝力中等，新梢一年平均长8.2cm，夏、秋梢生长量9.3cm；生长势中等；果台副梢抽生及连续结果能力中等，全树坐果；坐果力强，生理落果少，采前落果少；4年开始结果，7~8年进入盛果期，丰产，大小年不显著，盛果期单株产量22.5kg，萌芽期3月中旬，开花期4月上旬；果实采收期9月下旬，落叶期11月中旬。

## 品种评价

抗病，广适性，耐贫瘠，果实可食用。

植株

花

叶片

果实

# 米林山荆子

*Malus pumila* Mill.'Milinshanjingzi'

- 调查编号：CAOSYMHP012

- 所属树种：苹果 *Malus pumila* Mill.

- 提 供 人：次仁朗杰
  电　　话：13889041515
  住　　址：西藏自治区林芝市巴宜区
  八一镇科技局

- 调 查 人：马和平
  电　　话：13989043075
  单　　位：西藏农牧学院高原生态研
  究所

- 调查地点：西藏自治区米林市米林镇
  米林村

- 地理数据：GPS数据（海拔：2956m，
  经度：E94°09'11.3"，纬度：N29°11'17.3"）

- 样本类型：枝条、叶片、种子、果实

## 生境信息

来源于当地，最大树龄为＞300年。地带及植被类型为山地，旷野小生境。受砍伐影响，处于平地。土地利用为耕地。属于砂土。土壤pH6.7～7.1。现存1株。

## 植物学信息

### 1. 植株情况

繁殖方法为嫁接，树势弱，树姿直立，树形圆头形；树高10m，冠幅东西8m、南北9m，干高0.9m，干周200cm；主干黑色，树皮丝状裂；枝条密度中等。

### 2. 植物学特征

1年生枝条紫红色，有光泽，长度短，节间平均长2.7cm，粗度中等，平均粗0.5cm，皮孔小、多、凸、椭圆形；嫩梢上茸毛多，灰色；成熟枝条灰褐色；叶芽中等，卵圆形；茸毛中等，贴附；花芽肥大，尖卵形，鳞片紧，茸毛中等；成龄叶中等，叶片中等，长8.9cm、宽5.2cm；叶片卵形，叶尖锐尖，浓绿色；叶缘钝锯齿；叶基圆形，叶面光滑，有光泽，叶背茸毛多，叶缘复锯齿，钝、粗、大，齿上无针刺，无腺体；叶姿微折，叶边波状，先端扭曲，与枝条所成角度锐角；叶柄平均长1.5cm，叶柄粗度中等，茸毛中等，颜色微红。

花序伞房状排列，每花序花数5朵，花瓣数目5片，花冠中等，平均直径2.0cm；花瓣粉红色，卵形；花蕾红色；花梗长度中等，平均长1.6cm，有茸毛，灰白；雄蕊13个，花药红色，花粉量少，雌蕊6个，柱头比雄蕊低，开花较叶发育后。

### 3. 果实性状

果实纵径1.8cm，横径1.5cm；平均单果重7g，最大果重17g，不整齐；果实扁圆形，红色，条纹短，红色；果面光滑，果粉少，有光泽，无棱起，斑状锈斑；蜡质少，果点中、凸；果梗中，近果端膨大呈肉质，梗洼较深，有锈斑，片状；萼片着生处浅洼，萼洼广，皱状，萼片宿存；果肉乳白色，果肉质地粗，致密，汁液少；风味微酸，味淡，有涩味，品质下等；果心小，不正形，近萼端；萼筒壶形，小，与心室连通；心室心形，横切面心室半开；种子数8粒；饱秕比例5：1。

### 4. 生物学习性

萌芽力强，发枝力中等，新梢一年平均长7.2cm，夏、秋梢生长量7.3cm；生长势中等；果台副梢抽生及连续结果能力中等，全树坐果；坐果力强，生理落果少，采前落果少；4年开始结果，7～8年进入盛果期，丰产，大小年不显著，盛果期单株产量5kg，萌芽期3月中旬，开花期4月上旬；果实采收期9月下旬，落叶期11月中旬。

## 品种评价

抗病，广适性，耐贫瘠，果实可食用；主要病虫害种类为梨小食心虫；修剪反应不敏感，对土壤、地势、栽培条件的要求低。

植株

叶片

花

果实

# 朗色苹果

*Malus pumila* Mill.'Langsepingguo'

调查编号： CAOSYLHX022

所属树种： 苹果 *Malus pumila* Mill.

提 供 人： 张建兰
电　　话： 13908942282
住　　址： 西藏自治区山南地区扎囊县朗色林乡

调 查 人： 李好先
电　　话： 13903834781
单　　位： 中国农业科学院郑州果树研究所

调查地点： 西藏自治区林芝市工达布达县巴河镇郎色村

地理数据： GPS数据（海拔：3189m，经度：E93°39'46.94"，纬度：N29°51'31.74"）

样本类型： 枝条、叶片、种子、果实

## 生境信息

来源于当地，最大树龄为＞13年。地带及植被类型为山地，庭院小生境。受砍伐影响，处于平地。土地利用为人工林。属于砂土。土壤pH6.5～7.1。现存1株。

## 植物学信息

### 1. 植株情况

繁殖方法为嫁接，树势弱，树姿直立，树形纺锤形。乔木，树高3.3m，冠幅东西4.3m、南北3.8m，干高0.6m，干周90cm。

### 2. 植物学特征

1年生枝条绿色，短；节间平均长1.0cm，粗度中等；平均粗0.2cm，粗度中等，平均粗1.1cm；嫩梢上茸毛多，灰色，皮孔中等、凸，近圆形；成熟枝条灰褐色；叶芽中等，卵圆形；茸毛中等，贴附；花芽肥大，尖卵形，鳞片紧，茸毛中等；成龄叶中等，叶片中等，长8.9cm，宽5.2cm；叶片卵形，叶尖锐尖，浓绿色；叶缘钝锯齿；叶基圆形，叶面光滑，有光泽，叶背茸毛多，叶缘复锯齿，钝、粗、大，齿上无针刺，无腺体；叶姿微折，叶边波状，先端扭曲，与枝条所成角度锐角；叶柄平均长1.5cm，粗度中等，茸毛中等，颜色微红。

花序伞房状排列，每花序花数5朵，花瓣数目5片，花冠中等，平均直径2.0cm；花瓣粉红色，卵形；花蕾红色；花梗长度中等，平均长1.6cm，有茸毛，灰白；雄蕊13个，花药红色，花粉量少，雌蕊6个，柱头比雄蕊低，开花较叶发育后。

### 3. 果实性状

果实纵径4.6cm，横径5.7cm；平均单果重80g，最大果重121g，不整齐；果实扁圆形，红色，条纹短，红色；果面光滑，果粉少，有光泽，无棱起，斑状锈斑；蜡质少，果点中、凸；果梗中，近果端膨大呈肉质，梗洼较深，有锈斑，片状；萼片着生处浅洼，萼洼广，皱状，萼片宿存；果肉乳白色，质地粗，致密，汁液少；风味微酸，味淡，有涩味，品质下等；果心小，不正形，近萼端；萼筒壶形，小，与心室连通；心室心形，横切面心室半开；种子数8粒；饱秕比例7：1。

### 4. 生物学习性

萌芽力强，发枝力强，新梢一年平均长12.2cm，夏、秋梢生长量11.3cm；生长势中等；果台副梢抽生及连续结果能力中等，全树坐果；坐果力强，生理落果少，采前落果少；4年开始结果，7～8年进入盛果期，丰产，大小年不显著，盛果期单株产量17.5kg，萌芽期3月中旬，开花期4月上旬；果实采收期9月下旬，落叶期11月中旬。

## 品种评价

抗病，广适性，耐贫瘠，果实可食用。

植株

叶片

花

果实

# 参考文献

陈曦, 汤庚国, 郑玉红, 等. 2008. 苹果属山荆子遗传多样性的RAPD分析[J]. 西北植物报, 28(10): 1954–1959.

陈学森, 郭延奎, 罗新书. 1992. 扫描电镜不同制样方法对几种落叶果树花粉形态的影响[J]. 果树科学, (04): 198–202.

陈学森, 辛培刚, 张太岩, 等. 2008. 极早熟苹果品种'泰山早霞'[J]. 园艺学报, 35(01): 148.

成明昊, 梁国鲁, 李晓林. 1992. 苹果属一新种——'马尔康海棠'[J]. 西南农业大学学报, 4(4): 317–319.

程存刚, 康国栋, 丛佩华, 等. 2008. 苹果新品种——'华兴'的选育[J]. 果树学报, 25(05): 774–775.

程家胜. 1986. 同工酶分析在果树种质资源分类遗传研究中的应用[J]. 中国果树, (03): 19–22.

董绍珍, 俞宏. 1987. 三叶海棠类过氧化物酶同工酶的研究[J]. 中国果树, (03): 34–36.

董绍珍, 俞宏. 1989. 湖北海棠类过氧化物酶同工酶分析[J]. 果树科学, (02): 103–105.

董月菊, 张玉刚, 梁美霞, 等. 2011. 苹果果实品质主要评价指标的选择[J]. 华北农学报, 26 (增刊): 74 –79.

樊卫国, 康杏媛, 范恩普, 等. 1990. 贵州苹果属植物资源调查报告[J]. 贵州农学院学报, 9(01): 93–98.

樊卫国, 朱维藩, 范恩普, 等. 2002. 贵州野生果树种质资源的调查研究[J]. 贵州大学学报, 21(01): 32–38.

冯涛, 张红, 陈学森, 等. 2006. 新疆野苹果果实形态与矿质元素含量多样性以及特异性状单株[J]. 植物遗传资源学报, 7(03): 270–276.

高华, 赵政阳, 梁俊, 等. 2008. 陕西苹果品种发展历史、现状及育种进展[J]. 西北林学院学报, 23(01): 130–133.

高华, 赵政阳, 鲁玉妙, 等. 2006. 苹果新品种'秦阳'的选育[J]. 果树学报, (05): 779–780, 2.

高锁柱, 马德伟, 张新文, 等. 1988. 桃属植物花粉形态的观察研究[J]. 中国果树, (04): 13–16, 63.

高源, 刘凤之, 曹玉芬, 等. 2007. 苹果属种质资源亲缘关系的SSR分析[J]. 果树学报, 24(02): 129–134.

葛顺峰, 郝文强, 孙承菊, 等. 2013. 烟台市苹果生产存在的问题及对策[J]. 现代农业科技, (03): 107, 110.

郭翎, 周世良, 张佐双, 等. 2009. 苹果属种、杂交种及品种之间关系的AFLP分析[J]. 林业科学, 45(4): 33–40.

过国南, 阎振立, 张顺妮. 2003. 我国建国以来苹果品种选育研究的回顾及今后育种的发展方向[J]. 果树学报, 20(2): 127–134.

韩立新, 王红艳. 2008. 三门峡苹果产销情况调查报告[R]. 国家现代苹果产业技术体系技术简报汇编, 241–244.

郝素琴. 1992. 美国无性系的水果和坚果种质资源保存[J]. 作物品种资源, (01): 44–46.

胡志昂, 王洪新. 1991. 蛋白质多样性和品种鉴定[J]. Journal of Integrative Plant Biology, (07): 556–564.

贾定贤. 2007. 我国主要果树种质资源研究的回顾与展望[J]. 中国果树, (04): 58–60.

贾敬贤, 贾定贤, 任庆棉. 2006. 中国作物及其野生近缘植物·果树卷[M]. 北京: 中国农业出版社, 57–58.

康厚生, 李兴德. 1984. 盐源县苹果资源调查报告[J]. 四川果树科技, (01): 24–25, 27.

李丙智, 张林森, 栾东珍, 等. 2005. 苹果新品种'红香脆'[J]. 园艺学报, 32(06): 1155.

李坤明, 胡忠荣, 陈伟. 2006. 滇西北野生苹果属种质资源及开发利用//中国园艺学会第七届青年学术讨论会论文集[C]. 中国园艺学会, 4.

李育农, 李晓林. 1995. 世界苹果属植物过氧化物酶同工酶酶谱的研究[J]. 西南农业大学学报, 15(8): 371-377.

李育农. 1989. 世界苹果和苹果属植物基因中心的研究初报[J]. 园艺学报, 16(2): 101-107.

李育农. 1999. 世界苹果属植物的起源演化研究新进展[J]. 果树科学, 16(5): 8-19.

李育农. 2001. 苹果属植物种质资源研究[M]. 北京: 中国农业出版社, 6-9.

梁国鲁, 李晓林. 1993. 中国苹果属植物染色体研究[J]. 植物分类学报, 31(3): 236-251.

梁国鲁, 李育农, 李晓林. 1996. 中国苹果属植物小孢子减数分裂染色体系统研究[J]. 西南农业大学学报, (04): 299-307.

梁宁. 2007. 果树种质资源的保存、评价与利用研究进展//中国园艺学会干果分会、中共阿克苏地委、阿克苏地区行署、新疆自治区林业厅. 第五届全国干果生产、科研进展学术研讨会论文集[C]. 中国园艺学会干果分会、中共阿克苏地委、阿克苏地区行署、新疆自治区林业厅, 6.

梁玉璞. 1981. 林芝苹果应用砧木种质资源概况[J]. 西藏农业科技, (02): 58-60.

凌裕平, 赵宗方, 王雪军, 等. 1996. 短枝型苹果品种孢粉学研究[J]. 江苏农学院学报, (03): 72-75.

刘凤之, 王昆, 曹玉芬, 等. 2006. 我国苹果种质资源研究现状与展望[J]. 果树学报, 23(06): 865-870.

刘悍中, 任庆棉, 刘立军. 1990. 苹果属种质资源抗腐烂病性状鉴定研究[J]. 果树科学, (02): 65-70.

刘孟军. 1998. RAPD标记在苹果属种间杂交一代的分离方式[J]. 园艺学报, (03): 7-12.

卢本荣, 任玉汉, 汪心泉. 2001. 苹果新品种——'新玫瑰红'(暂定名)[J]. 落叶果树, (04): 19.

卢新雄, 陈晓玲. 2008. 我国作物种质资源的保存与共享体系[J]. 中国科技资源导刊, (04): 20-25.

满书锋, 丛佩华. 1995. 我国苹果新品种选育进展[J]. 果树科学, (04): 253-257.

聂继云, 李海飞, 李静, 等. 2012. 基于159个品种的苹果鲜榨汁风味评价指标研究[J]. 园艺学报, 9(10): 1999-2008.

聂继云, 吕德国, 李静, 等. 2010. 22种苹果种质资源果实类黄酮分析[J]. 中国农业科学, 43(21): 4455-4462.

钱关泽, 汤庚国. 2005. 苹果属植物分类学研究进展[J]. 南京林业大学学报: 自然科学版, 29(3): 94-98.

任国慧, 俞明亮, 冷翔鹏, 等. 2013. 我国国家果树种质资源研究现状及展望——基于中美两国国家果树种质资源圃的比较[J]. 中国南方果树, 42(01): 114-118.

任庆棉, 刘悍中, 刘立军. 1993. 我国苹果属部分种质资源矮化性能的鉴定[J]. 中国果树, (4): 20-21.

史星雲. 2013. 陕西省苹果品种结构、区域布局与品质比较分析[D]. 杨凌: 西北农林科技大学.

宋洪伟, 林凤起. 1998. 苹果种质资源抗寒性鉴定评价[J]. 吉林农业科学, (23): 86-89.

田建保, 程恩明, 孙俊杰, 等. 2005. 杂交苹果新品种'绯霞'的选育[J]. 果树学报, (01): 87-88, 2.

王冬梅, 伊凯, 刘志, 等. 2005 苹果新品种——'绿帅'的选育[J]. 果树学报, (03): 294-295, 2.

王金政, 薛晓敏, 路超. 2008. 山东苹果产业现状调查报告[R]. 国家现代苹果产业技术体系技术简报汇编, 47-50.

王昆, 刘凤之, 高源, 等. 2013. 中国苹果野生种自然地理分布、多型性及利用价值[J]. 植物遗传资源学报, 14(06): 1013-1019.

王力荣. 2012. 我国果树种质资源科技基础性工作30年回顾与发展建议[J]. 植物遗传资源学报, 13(03): 343-349.

王清美, 邵达元, 王吉祥, 等. 2001. 苹果新品种'烟嘎1号'和'烟嘎2号'[J]. 中国果树, (04): 4-6.

王慎喜, 殷志强, 张志恩, 等. 2002. 苹果新品种'天富1号'选育初报[J]. 甘肃农业科技, (05): 24-25.

王涛, 祝军, 李光晨, 等. 2001. 苹果砧木亲缘关系AFLP分析[J]. 中国农业科学, 34(03): 256-259.

王田利. 2007. 目前西北苹果品种组成中存在的问题及调整方向[J]. 果农之友, (11): 4.

王宇霖. 2008. 关于我国苹果育种研究工作的几点想法[J]. 果树学报, (04): 559-565.

肖尊安, 成明昊, 李晓林. 1986. 中国苹果属植物种群间的亲缘关系及其演化初探[J]. 西南农业大学学报, (02): 108-112.

肖尊安, 成明昊, 李晓林. 1989. 苹果属植物两种同工酶的模糊聚类分析[J]. 西南农业大学学报, (05): 485-490.

辛培刚, 张太岩. 2001. 极早熟苹果新品系——'早丰甜'[J]. 山西果树, (04): 34.

阎国荣, 许正. 2010. 中国新疆野生果树研究[M]. 北京: 中国林业出版社, 77.

阎振立, 张顺妮, 过国南, 等. 2007. 苹果新品种——'早红'的选育[J]. 果树学报, 24(02): 248-49.

杨建明, 李林光, 周先迅, 等. 2003. 早熟苹果新品种'早翠绿'[J]. 园艺学报, (04): 496–507.

杨晓红, 李育农, 林培钧, 等. 1992. 新疆野苹果 M. sieversii (Ledeb. ) Roem. 花粉形态及其起源演化研究[J]. 西南农业大学学报, 12(1): 42–45.

杨振英, 薛光荣, 苏佳明, 等. 2005. '富士'花药培养选育出苹果新品种'华富'[J]. 园艺学报, (01): 172.

伊凯, 刘志, 高树清, 等. 2008. 辽宁省苹果产销情况调查报告[R]. 国家现代苹果产业技术体系技术简报汇编.

伊凯, 刘志, 王冬梅, 等. 2006. 苹果新品种——'望山红'选育报告[J]. 北方果树, (04): 6–10.

伊凯, 沙守峰, 刘志, 等. 2005. 我国苹果育种的回顾与展望[J]. 果树学报, 22(专刊): 17–19.

俞德浚. 1979. 中国果树分类学[M]. 北京: 中国农业出版社, 2–81.

张冰冰, 梁英海, 田彬彬, 等. 2008. 17个苹果属野生植物种的RAPD亲缘关系研究[J]. 中国果树, (02): 42–44.

张顺妮, 阎振立, 过国南, 等. 2006. 苹果新品种——'华美'的选育[J]. 果树学报, (04): 646–647, 488.

张维民, 任宏涛. 2006. 苹果新品种'天汪1号'[J]. 园艺学报, (02): 453.

张义, 谢永生, 郝明德. 2011. 黄土沟壑区王东沟流域苹果品质限制性生态因子探析[J]. 中国农业科学, 44(06) 1184–1190.

赵永波, 董文成, 付友. 2004. 苹果新品种——'昌红'[J]. 园艺学报, 6: 830.

郑惠章, 李健, 王守聪, 等. 2004. 西藏果树种质资源志[M]. 北京: 中国农业出版社, 126–135.

郑丽静, 聂继云, 李明强, 等. 2015. 苹果风味评价指标的筛选研究[J]. 中国农业科学, 48(14): 2796–2805.

中国科学院中国植物志编辑委员会. 2004. 中国植物志[M]. 北京: 科学出版社, 372.

中国农业科学院郑州果树研究所. 1985. 果树砧木论文集[M]. 西安: 陕西科学技术出版社, 62, 81.

Coart E, Vekemans X, Smulders M J M, et al. 2003. Genetic variation in the endangered wild apple[Malus sylvestris (L. )Mill. ] in Belgium as revealed by AFLP and microsatellite markers[J]. Molecular Ecology, 12(4): 845–857.

Dunemann F, Kaham R, Schmidt H. 1994. Genetic relationships in Malus evaluated by RAPD "fingerpeinting" of cultivars and wilds species[J]. Plant Breeding, 113(2): 150–159.

Forsline P L. 1995. Adding diversity to the national apple germplasm collection: collecting wild apples in Kazakstan[J]. New York Fruit Quarterly, (3): 3–6.

Forsline P L, Dickson E E, Djangaliev A D. 1994. Collection of wild Malus, Vitis and other fruit species genetic resources in Kazakstan and neighboring republics[J]. Hort Science, 29(5433): 433.

Gharghani A, Zamani Z, Talaie A, et al. 2009. Geneticidentity and relationships of Iranian apple (Malus × domestica Borkh. ) Cultivars and landraces, wild Malus species and representative old apple cultivars based on simple sequence repeat (SSR) marker analysis[J]. Genetic Resources & Crop Evolution , 56(6): 829–842.

Kenis K and Keulemans J. 2005. Genetic linkage maps of two apple cultivars( Malus × domestica Borkh. ) based on AFLP and microsatellite markers[J]. Molecular Breeding, 2(15): 205–219.

Song H W, Gao Y J, Zhang B B, et al. 2002. Germplasm resources of hardy apple in China: conservation and research [J]. Journal of Shandong Agricuturan University(Natural Science Edition), 55–57.

Zohary D, Hopf M. 2000. Domestication of Plants in the Old World[M]. Oxford: Oxford University Press.

Zohary D, Spiegel-Roy P. 1975. Beginnings of fruit growing in the Old World[J]. Science, 187(4174): 319–327.

Nnadozie C. O , Sue E G, Heather C. M. et al. 2001. Diversity and Relationships in Malus sp. Germplasm Collections as Determined by Randomly Amplified Polymorphic DNA[J]. Journal of the American Society for Horticultural Science. 126(3): 318–328.

Harada T, Matsukawa K, Sato T. 1993. DNA-RAPDs detect genetic variation and paternity in Malus[J ]. Euphytica, 65 : 87–91.

# 附录一
## 各树种重点调查区域

| 树种 | 区域 | 具体区域 |
|---|---|---|
| 石榴 | 西北区 | 新疆叶城、陕西临潼 |
| | 华东区 | 山东枣庄、江苏徐州，安徽怀远、淮北 |
| | 华中区 | 河南开封、郑州、封丘 |
| | 西南区 | 四川会理、攀枝花，云南巧家、蒙自，西藏山南、林芝、昌都 |
| 樱桃 | | 河南伏牛山、陕西秦岭、湖南湘西、湖北神农架、江西井冈山等；其次是皖南，桂西北、闽北等地 |
| 核桃 | 东部沿海区 | 辽东半岛的丹东、庄河、瓦房店、普兰店，辽西地区，河北卢龙、抚宁、昌黎、遵化、涞水、易县、阜平、平山、赞皇、邢台、武安、北京平谷、密云、昌平，天津蓟县、宝坻、武清、宁河，山东长清、泰安、章丘、苍山、费县、青州、临朐，河南济源、林州、登封、濮阳、辉县、柘城、罗山、商城，安徽亳州、涡阳、砀山、萧县，江苏徐州、连云港 |
| | 西北区 | 山西太行、吕梁、左权、昔阳、临汾、黎城、平顺、阳泉、陕西长安、户县、眉县、宝鸡、渭北、甘肃陇南、天水、宁县、镇原、武威、张掖、酒泉、武都、康县、徽县、文县、青海民和、循化、化隆、互助、贵德、宁夏固原、灵武、中卫、青铜峡 |
| | 新疆区 | 和田、叶城、库车、阿克苏、温宿、乌什、莎车、吐鲁番、伊宁、霍城、新源、新和 |
| | 华中华南区 | 湖北郧县、郧西、竹溪、兴山、秭归、恩施、建始，湖南龙山、桑植、张家界、吉首、麻阳、怀化、城步、通道，广西都安、忻城、河池、靖西、那坡、田林、隆林 |
| | 西南区 | 云南漾濞、永平、云龙、大姚、南华、楚雄、昌宁、宝山、施甸、昭通、永善、鲁甸、维西、临沧、凤庆、会泽、丽江，贵州毕节、大方、威宁、赫章、织金、六盘水、安顺、息烽、遵义、桐梓、兴仁、普安，四川巴塘、西昌、九龙、盐源、德昌、会理、米易、盐边、高县、筠连、叙永、古蔺、南坪、茂县、理县、马尔康、金川、丹巴、康定、泸定、峨边、马边、平武、安州、江油、青川、剑阁 |
| | 西藏区 | 林芝、米林、朗县、加查、仁布、吉隆、聂拉木、亚东、错那、墨脱、丁青、贡觉、八宿、左贡、芒康、察隅、波密 |
| 板栗 | 华北 | 北京怀柔，天津蓟县，河北遵化、承德，辽宁凤城，山东费县，河南平桥、桐柏、林州，江苏徐州 |
| | 长江中下游 | 湖北罗田、京山、大悟、宜昌，安徽舒城、广德，浙江缙云，江苏宜兴、吴中、南京 |
| | 西北 | 甘肃南部，陕西渭河以南，四川北部，湖北西部，河南西部 |
| | 东南 | 浙江、江西东南部，福建建瓯、长汀，广东广州，广西阳朔，湖南中部 |
| | 西南 | 云南寻甸、宜良，贵州兴义、毕节、台江，四川会理，广西西北部，湖南西部 |
| | 东北 | 辽宁，吉林省南部 |
| 山楂 | 北方区 | 河南林县、辉县、新乡，山东临朐、沂水、安丘、潍坊、泰安、莱芜、青州，河北唐山、沧州、保定，辽宁鞍山、营口等地 |
| | 云贵高原区 | 云南昆明、江川、玉溪、通海、呈贡、昭通、曲靖、大理，广西田阳、田东、平果、百色，贵州毕节、大方、威宁、赫章、安顺、息烽、遵义、桐梓 |
| 柿 | 南方 | 广东五华、潮汕，福建安溪、永泰、仙游、大田、云霄、莆田、南安、龙海、漳浦、诏安，湖南祁阳 |
| | 华东 | 浙江杭州，江苏邳县，山东菏泽、益都、青岛 |
| | 北方 | 陕西富平、三原、临潼，河南荥阳、焦作、林州，河北赞皇，甘肃陇南，湖北罗田 |
| 枣 | 黄河中下游流域冲积土分布区 | 河北沧州、赞皇和阜平，河南新郑、内黄、灵宝，山东乐陵和庆云，陕西大荔，山西太谷、临猗和稷山，北京丰台和昌平，辽宁北票、建昌等 |
| | 黄土高原丘陵分布区 | 山西临县、柳林、石楼和永和，陕西佳县和延川 |
| | 西北干旱地带河谷丘陵分布区 | 甘肃敦煌、景泰，宁夏中卫、灵武，新疆喀什 |

# 附录三
## 工作路线

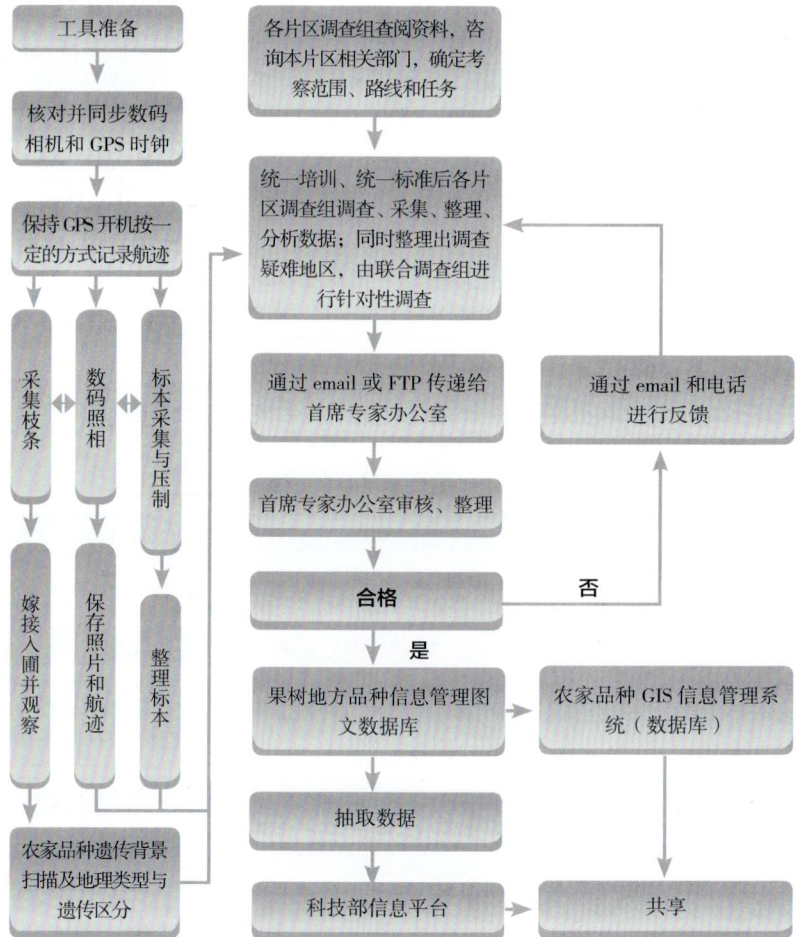

```
工具准备
   ↓
核对并同步数码
相机和 GPS 时钟
   ↓
保持 GPS 开机按一
定的方式记录航迹
   ↓
┌──────┬──────┬──────┐
采集枝条  数码照相  标本采集与压制
   ↓        ↓        ↓
嫁接入圃   保存照片   整理标本
并观察     和航迹
   ↓        ↓        ↓
农家品种遗传背景扫描及地理类型与遗传区分
```

```
各片区调查组查阅资料，咨询本片区相关部门，确定考察范围、路线和任务
   ↓
统一培训、统一标准后各片区调查组调查、采集、整理、分析数据；同时整理出调查疑难地区，由联合调查组进行针对性调查  ←──┐
   ↓                                                        │
通过 email 或 FTP 传递给首席专家办公室        通过 email 和电话进行反馈
   ↓                                                        ↑
首席专家办公室审核、整理                                    │
   ↓                                                        │
合格 ──────── 否 ────────────────────────────────────────┘
   ↓
   是
   ↓
果树地方品种信息管理图文数据库  →  农家品种 GIS 信息管理系统（数据库）
   ↓
抽取数据
   ↓
科技部信息平台  →  共享
```

# 附录四
## 工作流程

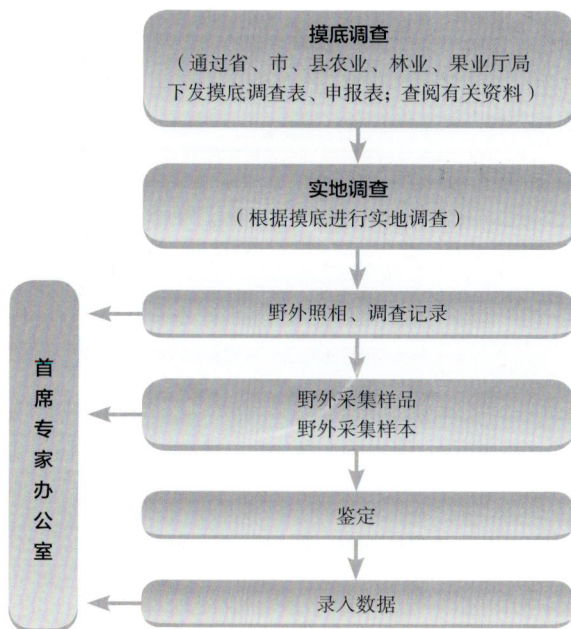

```
摞底调查
（通过省、市、县农业、林业、果业厅局下发摞底调查表、申报表；查阅有关资料）
   ↓
实地调查
（根据摞底进行实地调查）
   ↓
野外照相、调查记录
   ↓
野外采集样品
野外采集样本
   ↓
鉴定
   ↓
录入数据
```

首席专家办公室

# 苹果品种中文名索引

## A

阿哥阿拉马（白苹果）074

## C

茶依阿拉马（大果）080
茨巫东苹果　　　068
慈母川八棱海棠　146
慈母川小苹果　　172
脆八棱海棠　　　150

## D

得荣青苹果　　　070
冬里蒙　　　　　076

## F

富华小花果　　　138
富锦17号　　　　110
富锦冻果　　　　112

## H

海子口1号　　　152
海子口2号　　　154
海子口3号　　　156
黑石大果　　　　114
红阿波尔特　　　078
侯家官茶果　　　044
侯家官金秋海棠　046
侯家官沂蒙海棠　048

## J

鸡西1号　　　　116

鸡西2号　　　　118
鸡西3号　　　　120
鸡西不落果　　　122
鸡西小果　　　　124
鸡西小苹果　　　126
吉林海棠　　　　128
假塔干苹果　　　084
金家岗扁黄　　　106
金家岗脆果　　　108
金家岗甜丰　　　136
金家岗雪地红　　140
金家岗紫果海棠　144
金塔干　　　　　086
九台串枝红　　　130

## K

卡巴克阿勒玛　　088
卡吐西卡苹果　　090

## L

朗色苹果　　　　202
联峰林场1号　　158
联峰林场2号　　160
联峰林场3号　　162
联峰林场4号　　164
联峰林场5号　　166
林芝凤凰卵　　　188
林芝富丽　　　　190
林芝青香蕉　　　192
林芝旭　　　　　196
林芝印度　　　　194

鲁村沙果　　　　054

## M

麻扎乡红肉苹果　082
米林山荆子　　　200

## N

南伊沟野苹果　　198
南营茶果2号　　050
娘龙古秀琼琼　　186
娘龙红冠　　　　178
娘龙红元帅　　　180
娘龙黄元帅　　　182
娘龙秦冠　　　　184
娘龙西府海棠　　176

## Q

青皮大秋　　　　132

## R

热光红苹果　　　064
日坝村苹果1号　174

## S

沙果　　　　　　134
沙里木阿里马（短柄）092
沙里木阿里马（长柄）094
山荆子1号　　　168
山荆子5号　　　170
斯塔干阿里马　　072
斯托罗维　　　　096

## T

甜阿波尔特　　　098

## W

吴薛秋　　　　　104
五口大沙果　　　058
五口高桩海棠　　056
五口难咽　　　　060
五口秋风蜜　　　040
五口歪把子　　　052
五口小海棠　　　038
五口玄包　　　　042
五口腰杆子　　　062
五口一窝蜂　　　036

## X

西拔子槟子　　　148

## Y

一串铃　　　　　142
玉赛因　　　　　100
玉赛因芽变　　　102

## Z

寨子青苹果　　　066

# 苹果品种调查编号索引

**C**

| | |
|---|---|
| CAOQFLWM015 | 104 |
| CAOQFNJX045 | 072 |
| CAOQFNJX046 | 074 |
| CAOQFNJX047 | 076 |
| CAOQFNJX048 | 078 |
| CAOQFNJX049 | 080 |
| CAOQFNJX050 | 082 |
| CAOQFNJX051 | 084 |
| CAOQFNJX052 | 086 |
| CAOQFNJX053 | 088 |
| CAOQFNJX054 | 090 |
| CAOQFNJX055 | 092 |
| CAOQFNJX056 | 094 |
| CAOQFNJX057 | 096 |
| CAOQFNJX058 | 098 |
| CAOQFNJX059 | 100 |
| CAOQFNJX060 | 102 |
| CAOSYLHX022 | 202 |
| CAOSYMHP009 | 174 |
| CAOSYMHP012 | 200 |
| CAOSYMHP020 | 176 |
| CAOSYMHP021 | 178 |

| | |
|---|---|
| CAOSYMHP022 | 180 |
| CAOSYMHP023 | 182 |
| CAOSYMHP024 | 184 |
| CAOSYMHP038 | 186 |
| CAOSYMHP044 | 188 |
| CAOSYMHP045 | 190 |
| CAOSYMHP046 | 192 |
| CAOSYMHP047 | 194 |
| CAOSYMHP048 | 196 |
| CAOSYZHC009 | 198 |

**F**

| | |
|---|---|
| FANGJGZQJ061 | 064 |
| FANGJGZQJ062 | 066 |
| FANGJGZQJ063 | 068 |
| FANGJGZQJ064 | 070 |

**L**

| | |
|---|---|
| LITZLJS001 | 146 |
| LITZLJS002 | 148 |
| LITZLJS003 | 150 |
| LITZLJS004 | 152 |
| LITZLJS005 | 154 |

| | |
|---|---|
| LITZLJS006 | 158 |
| LITZLJS007 | 160 |
| LITZLJS008 | 162 |
| LITZLJS009 | 164 |
| LITZLJS010 | 166 |
| LITZLJS011 | 168 |
| LITZLJS012 | 170 |
| LITZLJS013 | 172 |
| LITZLJS014 | 156 |
| LITZSHW001 | 108 |
| LITZSHW002 | 136 |
| LITZSHW003 | 106 |
| LITZSHW004 | 116 |
| LITZSHW005 | 112 |
| LITZSHW006 | 110 |
| LITZSHW007 | 138 |
| LITZSHW008 | 126 |
| LITZSHW009 | 122 |
| LITZSHW010 | 142 |
| LITZSHW011 | 114 |
| LITZSHW012 | 124 |
| LITZSHW013 | 132 |
| LITZSHW014 | 118 |

| | |
|---|---|
| LITZSHW015 | 120 |
| LITZSHW016 | 144 |
| LITZSHW017 | 128 |
| LITZSHW107 | 140 |
| LITZWAD001 | 130 |
| LITZWAD002 | 134 |

**Y**

| | |
|---|---|
| YINYLYZH013 | 044 |
| YINYLYZH014 | 046 |
| YINYLYZH015 | 048 |
| YINYLYZH016 | 050 |
| YINYLYZH038 | 036 |
| YINYLYZH039 | 038 |
| YINYLYZH040 | 040 |
| YINYLYZH041 | 042 |
| YINYLYZH086 | 052 |
| YINYLYZH087 | 054 |
| YINYLYZH088 | 056 |
| YINYLYZH089 | 058 |
| YINYLYZH090 | 060 |
| YINYLYZH091 | 062 |